「中国饭碗」丛书

丛书主编　师高民

青枝栗冠·板栗

董蔚　编著

「十四五」时期国家重点出版物出版专项规划项目

南京出版传媒集团
南京出版社

图书在版编目（CIP）数据

青枝栗冠·板栗 / 董蔚编著. -- 南京 : 南京出版社, 2023.10

（“中国饭碗”丛书）

ISBN 978-7-5533-4321-1

Ⅰ. ①青… Ⅱ. ①董… Ⅲ. ①板栗－青少年读物 Ⅳ. ①S664.2-49

中国国家版本馆CIP数据核字（2023）第134299号

丛 书 名　“中国饭碗”丛书
丛书主编　师高民
书　　名　青枝栗冠·板栗
作　　者　董　蔚
绘　　图　刘一凡
出版发行　南京出版传媒集团
　　　　　南　京　出　版　社

社址：南京市太平门街53号　　邮编：210016
网址：http://www.njcbs.cn　　电子信箱：njcbs1988@163.com
联系电话：025-83283893、83283864（营销）　025-83112257（编务）

出 版 人　项晓宁
出 品 人　卢海鸣
责任编辑　焦　博
装帧设计　赵海玥　王　俊
责任印制　杨福彬

制　　版　南京新华丰制版有限公司
印　　刷　南京凯德印刷有限公司
开　　本　787毫米×1092毫米　1/32
印　　张　5
字　　数　80千
版　　次　2023年10月第1版
印　　次　2023年10月第1次印刷
书　　号　ISBN 978-7-5533-4321-1
定　　价　28.00元

用微信或京东APP扫码购书

用淘宝APP扫码购书

编委会

特邀顾问

郄建伟	洪光住	曹幸穗	任高堂	娄源功	戚世钧
卞　科	刘志军	牛进平	张成志	孙云茂	王发明
李　昭	李景阳	王凤成	何东平	郑邦山	王云龙
高志信	刘红霞	李志富	常兰州	惠富平	魏永平
苏士利	闫新善	冯伯利	李建成	赵　奕	任罗乐
倪　婉	潘　力	蓝韶清	张　凌	张永太	张　华

主编单位

河南工业大学　　中国粮食博物馆

河南省首席科普专家师高民工作室

支持单位

中国农业博物馆	郑州大学
西北农林科技大学	沈阳师范大学
隆平水稻博物馆	中国农业大学
银川市粮食和物资储备局	武汉轻工大学
苏州农业职业技术学院	山东商务职业学院
湖南农业大学	西南民族大学

总序

“Food for All”（人皆有食），这是联合国粮食及农业组织的目标，也是全球每位公民的梦想。承蒙南京出版社的厚爱，我有幸主编“中国饭碗”丛书，深感责任重大！

“中国饭碗”丛书是根据习近平总书记“中国人的饭碗任何时候都要牢牢端在自己手中，我们的饭碗应该主要装中国粮”的重要指示精神而立题，将众多粮食品种分别著述并进行系统组合的系列丛书。

粮食，古时行道曰粮，止居曰食。无论行与止，人类都离不开粮食。它眷顾人类，庇佑生灵。悠远时代的人们尊称粮食为“民天”，彰显芸芸众生对生存物质的无比敬畏，传达宇宙间天人合一的生命礼赞。从洪荒初辟到文明演变，作为极致崇拜的神圣图腾，人们对它有着至高无上的情感认同和生命寄托。恢宏厚重的人类文明中，它见证了风雨兼程的峥嵘岁月，记录下人世间纷纭精彩的沧桑变迁。粮食发展的轨迹无疑是人类发展的主线。中华民族几千年农耕文明进程中，笃志开拓，筚路蓝缕，奉行民以食为天的崇高理念，辛勤耕耘，力田为生，祈望风调雨顺，粮丰廪实，向往山河无恙，岁月静好，为端好养育自己的饭碗抒写了一篇篇波澜壮阔的辉煌史诗。香火旺盛的粮食家族，饱经风雨沧桑，产生了众多优秀成员。它们不断繁衍，形成了多姿多彩的粮食王国。“中国饭碗”丛书就是记录这些艰难却美好的文化故事。

我国古代曾以“五谷”作为全部粮食的统称，主要有黍、稷、菽、麦、稻、麻等，后在不同的语境中出现了多种版本。在文明的交流融汇中，各种粮食品种从中东、拉美和中国逐步播撒五洲，惠泽八方。现在人们广泛称谓的粮食是指供食用的各种植物种子的总称。

随着人类社会的发展、科技的进步和人们对各种植物的进一步认识，粮食的品种越来越多。目前，按照粮食的植物属性，可分为草本粮食和木本粮食，比如，水稻、小麦、大豆等属于草本粮食；核桃、大枣、板栗等则是木本粮食的代表。按照粮食的实用性划分，有直接食用的粮食，比如，小麦、水稻、玉米等；也有间接食用的粮食，比如说油料粮食，包括油菜籽、花生、葵花籽、芝麻等。凡此，粮食种类不下百种，这使得“中国饭碗”丛书在题材选取过程中颇有踌躇。联合国粮食及农业组织（FAO）指定的四种主粮作物首先要写，然后根据各种粮食的产量大小和与社会生活的密切程度进行选择。丛书依循三类粮食（即草本粮食、木本粮食和油料粮食）兼顾选题。

对于丛书的内容策划，总体思路是将每种粮食从历史到现代，从种植到食用，从功用到文化，叙写各种粮食的发源、传播、进化、成长、布局、产能、生物结构、营养成分、储藏、加工、产品以及对人类和社会发展的文化影响等。在图书表现形式上，力求图文并茂，每本书创作一个或数个卡通角色，贯穿全书始终，提高其艺术性、故事性和趣味性，以适合更大范围的读者群体。力图用一本书相对完整地表达一种粮食的复杂身世和文化影响，为人们认识粮食、敬畏粮食、发展粮食、珍惜粮食，实现对美好生活的向往，贡献一份力量。

凡益之道，与时偕行。进入新时代，中国人民更加关注食物的营养与健康，既要吃得饱，更要吃得好、吃得放心。改革开放以来，我国的粮食产量不断迈上新台阶，2021年，粮食总产量已连续7年保持在1.3万亿斤以上。我国以占世界7%的土地，生产出世界20%的粮食。处丰思歉，居安思危。在珍馐美食和饕餮盛宴背后，出现的一些奢靡浪费现象也令人触目惊心。恣意挥霍和产后储运加工等环节损失的粮食，全国每年就达1000亿斤以上，可供3.5亿人吃一年。全世界每年损失和浪费的粮食数量多达13亿吨，近乎全球产量的三分之一。“一粥一饭，当思来之不易；半丝半缕，恒念物力维艰。”发展生产，节约减损，抑制不良的消费冲动，正成为全社会的共识和行动纲领。

“春种一粒粟，秋收万颗籽”，粮食忠实地眷顾着人类，人们幸运地领受着粮食给予的充实与安宁。敬畏粮食就是遵守人类心灵的律法。感恩、关注、发展、爱惜粮食，世界才会祥和美好，人类才会幸福生活。我们在陶醉于粮食恩赐的种种福利时，更要直面风云激荡中的潜在危机和挑战。历朝历代政府都把粮食作为维系国计民生的首要战略目标，制定了诸多重粮贵粟的政策法规，激励并保护粮食的生产流通和发展。行之有效的粮政制度发挥了稳邦安民的重要作用，成为社会进步的强大动力和保障。保证粮食安全，始终是国家安全重要的题中之义。

国以民为本，民以食为天。在习近平新时代中国特色社会主义思想指引下，全国数十位专家学者不忘初心、精雕细琢，全力将“中国饭碗”丛书打造成为一套集历史性、科技性、艺术性、趣味性为一体，适合社会大众特别是中小学生阅读的粮食文化科普读物。希望这套丛书有助于人们牢固树立总体国家安全观，深入实施国家粮食安全战略，进一步加强粮食生产能力、储备能力、流通能力建设，推动粮食产业高质量发展，提高国家粮食安全保障能力，铸造人们永世安康的“铁饭碗”“金饭碗”！

师高民

（作者系中国粮食博物馆馆长、中国高校博物馆专业委员会副主任委员、河南省首席科普专家、河南工业大学教授）

前言

当我们走在秋冬季节的北方街头，经常会听到小贩们热情地吆喝："卖糖炒栗子喽，新鲜出炉、热热乎乎的糖炒栗子哟。"路过的大小朋友，那是必须要买一袋捧着，边走边吃的。寒冷日里的炒栗子，既温暖了手心，又甜蜜了肚子，是我们非常熟悉和喜爱的美味食物。

在炒锅中翻滚的栗子，就是板栗。它还有一些别名，如"毛栗""油栗""魁栗"等。板栗在粮食中占有十分重要的地位。古时候就与"李、杏、桃、枣"并列为"五果"，到了近现代，又因为具有极高的营养价值，富含碳水化合物、蛋白质、维生素和矿物质，而被冠以"干果之王"的称号。

板栗起源于中国。在我国山东临朐的山旺生物群遗迹里，出土了世界上最早的板栗化石，距今已有一千八百万年。它作为国人的食物，至少有九千年历史。在河南裴李岗遗址、浙江河姆渡遗址等地，都出土了板栗的栗果。板栗还是最早被我国先民驯化利用的坚果之一，在我国至少已经有两千六百余年的种植历史。在如今的中国大地上，二十多个省份都有它的身影。在世界范围内，我国板栗的栽培面积、产量长期排名第一。中国板栗，是当之无愧的“栗冠”！

如今的板栗，生吃、炒食、磨粉、作馍、酿酒、制醋、护肤皆可，在解决温饱、改善饮食结构、增加人们收入、推动社会进步的同时，还形成了独具特色的栗文化，讲述着中华民族的历史故事，传承着中华民族的优秀传统文化。

本书将从板栗的起源传播、植物形态、品种分布和栽培育种、病虫防治，以及产业经济、加工食用、营养价值、文化形象等方面来全方位地介绍板栗，力求做到有趣有料、深入浅出、通俗易懂。希望这本书能够成为读者朋友了解中国粮食，感受中华民族文化的切入点；希望这本书能够在读者朋友心中种下一颗想要推动中国粮食产业高质量发展的种子！

目录

大家好，我是栗宝！

土生土长的中国娃！

我虽然长在树上，没有长在田地里，但我也是一种粮食作物！既好吃，又有营养，还好加工，唯一的缺点，是不能一次吃太多，因为太容易吃撑了，嘿嘿。

我是一种经济作物，为很多栗农带来了实打实的收入；我还是一种国际贸易品，长期远销欧亚，深受各国人民欢迎，他们还送了我个称号——人参果。

下面，就跟我一起畅游板栗的世界吧！

一、举个“栗”子：栗的前世今生

1. 自我介绍

板栗，学名Castanea mollissima（没错，确实很长，这是拉丁文），壳（qiào）斗科栗属，又称“栗子”“魁栗”“毛栗”“风栗”等。

别小瞧这身高、体长都不过3厘米的褐色小果果，它可是土生土长的中国坚果。

板栗虽然是坚果属，但淀粉含量高、饱腹感强，所以古代经常被当作粮食来吃，因此也被称为木本粮食。

板栗

根据《战国策·燕策》记载，当时著名的纵横家、外交家苏秦在游说燕文侯时说道："燕……北有枣栗之利，民虽不佃作，而足于枣栗矣。"意思是：燕国这个地方，北面有红枣和板栗的优势，老百姓虽然不种庄稼，但靠种红枣和板栗就能满足粮食供给。可见板栗在战国时期就已经成为重要的粮食补给。

板栗营养丰富，除蛋白质、脂肪之外，还富含胡萝卜素、核黄素、微量元素，以及VC、VA、VB等多种维生素和16种氨基酸。可以生吃、炒吃、煮熟了吃，冷吃、热吃，总之就是味道很鲜美，综合实力很强大，为大众所喜闻乐见，所以又被称为"干果之王"，国外则称之为"人参果"。

而且，你知道吗？板栗比米饭更耐饥！

相同重量的熟板栗仁和米饭相比，板栗水分少、能量大，提供的热量与蛋白质差不多是米饭的两倍，膳食纤维是米饭的四倍，因此板栗比米饭饱腹感强、血糖反应更低、耐饥时间更长。不愧是木本粮食！

2. 立下救人之功

历史上，板栗作为粮食来源，常常在饥荒之年中救人性命。

1. 传说，古时候有一家人非常穷苦，在地主家里当帮工，平时只能住在地主家的一间破房里。

2. 有一年赶上蝗灾严重，田里的庄稼颗粒无收，可怜的孩子们饿得啼哭不止。

3. 父母心急如焚，却找不到可以吃的食物。

4. 突然，孩子们的哭声都停下了，母亲赶紧前去查看，发现他们在抠墙砖吃。

5. 原来，那面墙的砖是用栗子粉做的。地主为了备荒，把栗子蒸熟磨面，脱成砖坯，晒干后砌成了墙。

6. 正是吃了用栗子粉做的墙砖，这家人才逃过了被饿死的命运，板栗就这样立下了救人之功。

3. 板栗的起源

世界植物学界普遍认为，板栗起源于中国大陆。

（1）几个关于起源的小问题

那么你可能想问第一个问题了：板栗什么时候开始出现在中国？

你知道作为世界上唯一一个从未中断过的古文明，中华文明绵延多少年了吗？

答案是：上下五千年。

那你知道，我国最早的板栗化石是多少年前的吗？可以尽管大胆地猜想。

一万年？十万年？

答案是：一千八百万年！

你没看错，考古学家们从山东临朐县的山旺生物群遗迹[①]里面发掘出了大叶板栗的化石（这也是世界上最早的板栗化石）。而这个遗迹群属于一千八百万年前的早中中新世。

你可能还想问，当时有人类了吗？

实事求是地说，没有像咱们一样能站着走路的

① 山旺生物群遗迹：位于山东省临朐县东部解家河盆地，是中中新世早期土层。因保存了各种精美的动植物化石，而被称为“化石博物馆”。

人类。

那会儿只有我们的祖先——猿类，而他们还在努力用四肢行走、不断攀岩走壁呢。

所以，早在有人类文明之前很多很多年，板栗就已经存在于地球之上了。

那么你可能想问第二个问题：我们是什么时候开始使用板栗的呢？

答案是：如果只说使用，那至少有十一万年了。如果要说食用，那至少有九千年了。

为什么这么说？因为板栗是木本植物，板栗树是可以用于砍劈烧火的。而考古学家们在距今十一万年前的河南洪沟遗址，发现了栗炭——由板栗的树枝部分燃烧后炭化而成。

这说明，那个时期的人类已经学会了利用板栗。

同样也是考古学家们，在距今约八千年的河南裴李岗遗址、距今约七千年的浙江河姆渡遗址、距今约六千年的西安半坡遗址、距今两千多年前的江西海昏侯墓[①]等，都发现了板栗的果实。

---

① 海昏侯墓：指西汉海昏侯刘贺的墓葬，位于江西省南昌市新建区大塘坪乡观西村东南，2011 年开始考古发掘。

而且，很有意思的是，海昏侯墓中出土的板栗，还是装在一个火锅状的青铜器里——古人是不是还挺会“吃”的？

青铜器里面有板栗

接下来，你可能想问第三个问题了：我们是什么时候开始人工栽培板栗的呢？

如果你能想到问这个问题，那你真的是一个很善于思考的读者了！确实，“开始利用”不等于“开始栽培”。因为直接用现成的，与自己种植了再用，是不同的概念。

当然，难度系数也不一样，肯定是自己种更难。

而且，如果现成的板栗能够满足所有人使用，人类也就不需要再去种植了。人工栽种板栗的出现，一方面，说明人类对板栗的需求量大过了板栗的野生产出量，板栗供不应求了；另一方面，也说明板栗树相对比较容易成活，所以我们的祖先才会选择很早就开始栽种板栗。

于是，“嗖”的一下又过去了好几千年，经过不断地尝试、失败、再尝试、再失败、再尝试……

我们的祖先终于学会了栽培板栗！

稍等，证据马上就来。不过，这一回，就不用考古学家出面了。

因为已经出现了文字，所以各种文献材料为我们提供了大量佐证。一方面，是“栗”字的诞生。其实，在甲骨文里就经常出现“栗”字了。甲骨文是我国的一种古老文字，主要指商朝晚期在龟甲或兽骨上刻的文字，目的是记事或者占卜。

这就说明，在距今两千多年前的商朝晚期，板栗就已经存在于人们的生活中了。

甲骨文中的“栗”字是不是很形象？一棵树上

甲骨文“栗”

现实中的板栗树

挂了三颗带刺儿的果，而古代往往用“三”来指“多”，所以我们可以理解为一棵树上挂了很多颗带刺儿的果，这不就是板栗吗?

读者朋友可以和真实世界中的板栗树对比下。

另一方面，是诗歌、史籍等的记载。

在我国最早的一部诗歌总集《诗经》中，就提到了板栗的种植。“……作于楚室。树之榛栗，椅桐梓漆，爰伐琴瑟”，即古人在屋旁种植榛树、栗树，还有梓漆与椅桐，成材后砍伐了用于制作琴瑟。这也是目前已知的有关板栗栽种的最早的文献资料。

因此，板栗在我国至少已经有两千六百余年的人工种植历史了，它也是我国最早栽种利用的一批坚果之一。

“古者禽兽多而人少，于是民皆巢居以避之，昼食橡栗，暮栖木上，故名之曰有巢氏。”可见，远古时代的华夏第一人文始祖——有巢氏，白天吃的主要食物中就有栗，说明当时栗是人类生存的重要食物之一。

板栗在诗词歌赋等各类文学作品中出现的频率非常高，绝对超乎你的想象。本书第十章《“栗”久弥坚》中会详细叙述，这里就先略过。

读者朋友们，不知道你还会不会想问第四个问题：中国这么大，好几十个省市和自治区，板栗到底是从东西南北中哪个地方起源的呢？

如果你自己想到了这个问题，那么恭喜你，真的很有探索精神。

这个问题看起来很简单，但要找到背后的答案却不容易。尽管科学家们尝试了很多方法，目前也只有一些未完全达成共识的观点，在这里给大家做一些简单的介绍。

例如，通过检验板栗的遗传变异度，有的科学家认为板栗起源于我国西南地区；通过板栗的遗传多样化程度，有的科学家判断华北和西北不是板栗的起源中心；通过物种和居群水平的研究，还有科学家认为华中地区为板栗的遗传多样性的现代中心……

但是目前还没有统一的观点。

读者朋友们，是不是看得脑袋都大了？你肯定在想，怎么科学家们的结论都不一样呢？到底谁对、谁错呢？

别着急，给他们一点时间。

而且，即便今天有共识了，过一阵子又可能推翻现在的共识，达成新的共识。因为，科学就是不断追求真理、接近真理的过程，很多伟大的科学家终身都在追求真理。

所以，你也加油吧，努力成为植物学家、生物学家或者别的什么“家”！

说不定在未来的某一天，就会有某个读者朋友解决了“板栗到底起源于中国哪个地方”这个学界难题。

（2）“针球斗蛟救人”的传说

湖北的神农架地区，海拔2000米以下大面积分布着野生板栗。下面，我们来看一个传说吧：

1. 相传在远古时代，神农架的深山里睡着一条巨蛟。每到盛夏时节，巨蛟都会到处游走，所到之处洪水肆虐、天地混乱，破坏了许多庄稼和房屋。

2. 百姓深受其扰、苦不堪言。为了让恶蛟不再随便游走，当地的百姓不得已，用儿女当祭品来供奉巨蛟。

3. 这一年，张郎的一双儿女不幸被选中，而他的妻子已因难产撒手人寰。眼看献祭日一天天到来，悲痛欲绝的张郎神情恍惚。

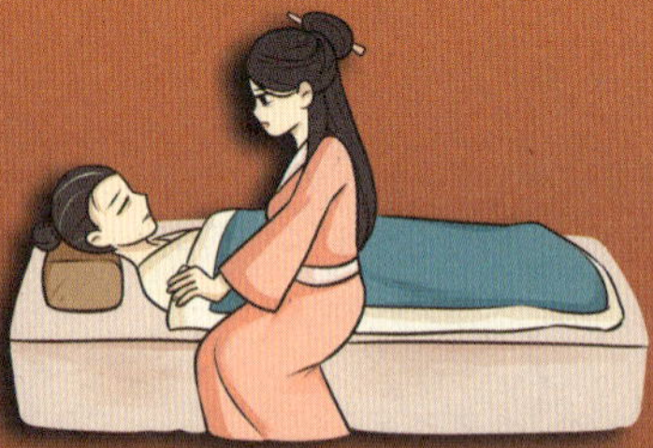

4. 一日，张郎依稀觉得自己梦见了已故的妻子，她来到自己的身边耳语道："吾儿此劫可用后山刺球来解。"

5. 醒来后的张郎急忙奔向后山，他被眼前的景象惊呆了。后山仿佛一夜间突然长出了一大片树林，每棵树上都结着一个个带刺且又坚硬的小球。

6. 献祭日这天，张郎带着一双儿女，沿后山小路向大山深处走去。他们行走过的地方，竟然如有神力般长出一棵棵参天大树。树上满是坚硬的刺球。

7. 恶蛟企图追上张郎一家。它一路横冲直撞，未曾想那些刺球纷纷从树上坠落，刺到了恶蛟身上，每根刺都扎到肉中，恶蛟的皮肉瞬间溃烂，仓皇逃走，从此再不敢出来作威作福，祸害百姓。

8. 村里人得知张郎的梦境，纷纷感叹神农架这一夜之间满山遍野的神树是逝去的母亲为救自己一双儿女撒下的。而这也被视为上天对这个村庄的垂怜，他们将这种拯救了一方水土的神树称为“板栗树”。

4. 板栗的传播

上一节咱们介绍了板栗的起源，现在，我们要一起思考下，板栗是怎么传播到全中国乃至全世界的呢?

这就包括两方面的传播：一方面，是板栗在空间上的传播；另一方面，是板栗的发展演变。

我们先来看第一个问题：板栗在空间上的传播。

这很好理解，就是“板栗怎么从野板栗，逐渐超越地域限制，传播到不同地区”。

这个时候又要科学家们出场了。

他们通过一种名叫“cpSSR”的先进技术来进行分子标记，判断野板栗很有可能是起源于陕西省的秦岭南侧，或者长江流域的神农架等地区，再逐渐发展至陕西、辽宁、河南、河北、湖北、四川、云南、江苏、福建等地区，并且在数万年的进化过程中，逐渐演化成了适应各地资源条件的地方品种。

注意，还只是很有可能，并没有盖棺论定。因为目前板栗物种演化的研究仍在不断进行中。

总体而言，板栗可分为两种大的类型：南方栗和北方栗。南方栗又可分为长江中下游品种群、西南品

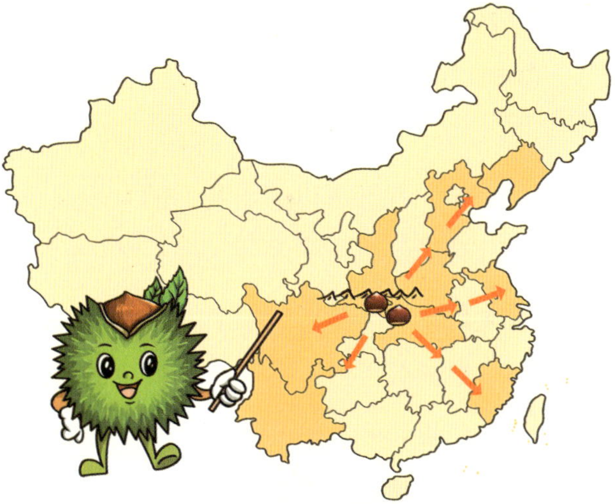

板栗空间传播示意图

种群、东南品种群。北方栗可分为东北品种群、西北品种群、华北品种群。按照《中国果树志·板栗榛子卷》的记载，截至2022年，我国有板栗约300种，分为华北品种群、长江流域品种群、西北品种群、东南品种群、西南品种群。

具体的品种分类，我们会在本书的第三章展开说，此处先略过。

接下来，我们来看看第二个问题：板栗的发展演变。

按照中国的历史朝代顺序，我们大致来捋一捋。

夏、商两朝太过久远，没有文字记载，无法佐证，只有前面提到的由考古学家们发掘的化石、文物了。

从西周开始，就又可以请出我们的老朋友——诗词歌赋来帮忙了。

（1）西周及春秋战国时期

《诗经》中记载：“山有嘉卉，侯栗侯梅。”意思是山上长着名贵花卉，有栗、有梅。“阪有漆，隰有栗。”意思是高坡上栽着漆树，洼地里长着栗树。《山海经》中有：铜山，葛山，贾超之山，其木多栗。《庄子》言：“感周之颡而集于栗林。”这三本书大致成书于西周、春秋战国时代，说明那会儿栗树已经有了较为广泛的种植，大片成林。

《诗经》《庄子》书影

同一时期的法家著作《韩非子》则记载了这样的故事：

1. 战国秦昭襄王时，秦国闹了大饥荒。

2. 应侯要求秦昭襄王把王室苑林中所种植的蔬菜、橡果、栗枣等，拿出来赈济受灾的百姓。

3. 他们认为，秦王苑林中种植的橡果枣栗，足够用来救荒赈灾。

4. 由此可见，当时秦王苑林中种植的板栗数量较多，而且板栗已经成为重要的粮食来源。

（2）秦汉及魏晋南北朝时期

成书于西汉的《史记》中记载，“燕秦千树栗，其人与千户侯等”“燕有鱼、盐、枣、栗之饶”。意思是燕国（今北京、河北一带）种了大量栗子树。《西京杂记》则在描述上林苑的奇果异木时写道：“栗四：有侯栗，榛栗，瑰栗，峄阳栗（峄阳都尉曹龙所献，大如拳）。”

虽然这本《西京杂记》到底是汉朝人写的，还是东晋人写的，存在争议，但由此可以看出，这一时期已经培育出了不同品种的板栗，甚至还可能有像拳头那么大的栗实！

不仅如此，板栗还救了东汉最后一个皇帝——刘协的命。根据《后汉书·献帝伏皇后纪》记载：“帝乃潜夜度河走……既至安邑，御服穿敝，唯以枣栗为粮。”献帝出逃时，条件十分艰苦，后期衣服也坏了，吃的也没有，只能以枣栗作为粮食充饥。

成书于北魏时期的地理书《水经注》中记载：“城北名马湾，中有地数顷，上有栗园，栗小，殊不并固安之实也。然岁贡三百石，以充天府。水渚，即栗州也，树木高茂。”此外，成书于北魏末年的综合

1. 汉献帝东归，遭到李傕、郭汜追击，大败于曹阳。兵败之后，献帝和伏寿皇后趁夜渡河前往河东郡。

2. 抵达河边后，伏皇后跟随献帝一同渡过黄河。等到达安邑，献帝穿的衣服都破了，更没了粮食。

3. 当时蝗灾大起，干旱无谷，献帝只得以枣栗为食。

4. 如此，板栗就救了东汉最后一个皇帝——刘协的命。

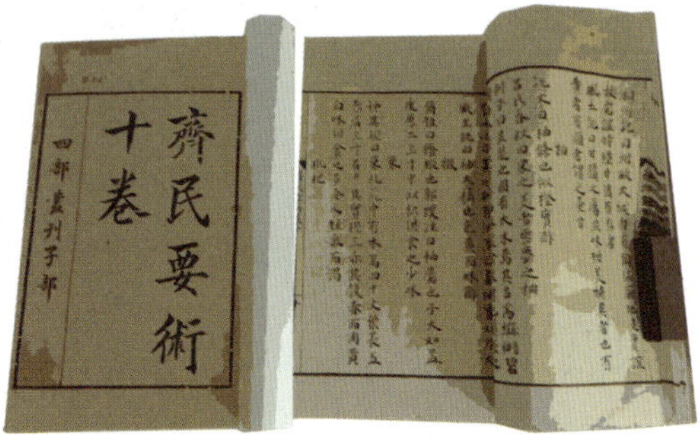

《齐民要术》

性农学著作《齐民要术》中引《三秦记》记载："汉武帝果园有大栗，十五颗一升。"并详细记录了板栗的种植方法。可见这时期的板栗不仅种植规模大、可选品种多，种植技术也逐渐成熟。

（3）隋唐宋元时期

到这一时期，板栗就十分常见了，常常出现在各种诗词、农书里面，糖炒栗子开始风靡大江南北，人们也逐渐发现了板栗的养生价值和药用价值。

唐代医学家孙思邈在其著作《千金方·食治方》中写道："栗子，浓肠胃，补肾气。生食之良，治腰脚不遂。"意思是板栗养胃补肾，生食还可以治疗腰脚不便。

宋代陆游在《老学庵笔记》中则记录了一个"李和炒栗"的故事：

1. 北宋故都汴京（今河南开封）有一家炒栗子店，店主人叫李和。李和家炒的栗子远近闻名，深受社会各阶层的喜爱。

2. 北宋被金灭后，南迁到浙江临安（今杭州）。南宋绍兴年间，陈福公及钱恺赴金，走到燕山（今北京、河北一带）。

3. 有两个人挡马，各拿着十包糖炒栗子献给两名官员，并自称是“李和之子”。

4. 众人挥泪而别。小小的板栗，也承载了当地百姓的情怀。

（4）明清时期

明代著名医药学家李时珍在《本草纲目》中写道："栗，厚肠胃，补肾气，令人耐饥。"意思是板栗养胃补肾，还扛饿。清代及往后的中医书中多沿用了这个说法。

到这一时期，板栗文化也渐渐发展起来，还有人专门写了怎么吃板栗。明代王象晋《二如亭群芳谱》记载："大栗每个壳底以刀十字划开，底向下，逐旋排锅中，以盐一撮，绕锅撒下，盖定发火，候熟取用。"用刀把栗壳"十"字划开，是为了使栗子成熟得更快；绕锅撒盐，是为了让栗子受热更加均匀。除此之外，清代朱彝尊《食宪鸿秘》："熟栗入糟糟之下酒佳，风干生栗入糟糟之更佳。"美食诗人袁枚《随园食单》也记载了诸如"栗子炒鸡""栗子糕"等流传至今的菜肴。

（5）近现代

到了近现代，栗子更是风靡大江南北，知名度扶摇直上。板栗开始以各种形式出现在我们的生活中。

栗子糕、栗子面窝头、桂花栗子羹、板栗烧鸡、栗子粥等，数不胜数。当然最多的、最受欢迎的，还

糖炒栗子

是糖炒栗子。好多作家都专门写文，表达对糖炒栗子的喜爱。

果然是“民以食为天”！

二、青枝针球：像个小刺猬

1. 真身什么样？

很多人都吃过栗子，但你见过栗子的真身吗？

其实，我们看到的栗子，是板栗的“果实”。吃着粉粉甜甜的那部分，其实是板栗的“种子”。剥开的那层壳呢，是板栗的“果皮”。在壳和肉之间，还有一层毛茸茸的、总是

是的，人家在树上的时候长这样

新鲜栗实

很难剥掉的、粘在肉上的、薄薄的皮，是板栗的“种皮”。

你以为这就是板栗的全部了吗？

错！

还记得甲骨文里面的“栗”字怎么写吗？不记得了允许你往回翻。

还记得我们这一章的名字吗？不记得了允许你再看看。

所有的一切，都指向：板栗，它是带刺的！

在板栗果实还没完全成熟时，果实外壳的颜色是嫩黄的，这会儿的板栗，适合生吃！清香脆甜！

树梢上的“绿刺猬”

这么打眼一看，像不像很多的绿刺猬爬上了树梢……

褐色的部分是我们平常见到的栗子，外面包着的很多刺，是板栗的“壳斗”。

翠绿、刚裂开的壳斗

干枯、裂开的壳斗

现在，你知道为啥板栗也叫“毛栗子”了吧？不过这个毛，可不是毛茸茸的毛，是毛刺的毛……那个刺，是真的扎手！比榴莲刺都扎手！千万，千万别以身试“刺”！

而且呀，一个“壳斗”里面可不止一颗果实，一般有三颗左右（视品种、发育情况的不同，颗数会有不同），果实们都紧紧挨在一起。有句歇后语“栗子房——成天吵”，这么一看，几兄弟一天到晚憋在一间屋子里，确实很挤，可不得吵吗！

栗子兄弟“吵架”

幸好，果实成熟后，壳斗会渐渐变成黄褐色、变干，最后裂开成四瓣，然后果实就会自己掉下来，不用咱们或者农民伯伯“以身试刺”啦。

古时候，多是等到农历八九月，栗子熟透了，“壳斗”自己完全裂开，栗子会都掉在地上，人们只需负责捡就好啦！但是呢，板栗这种美味，不仅咱们爱吃，小动物、小虫子也爱吃，所以掉地上的板栗容易坏，因此现代一般会把刚刚有点要裂的壳斗剪下来，再用太阳暴晒或人工加温的方式来促进壳斗干燥、开裂。

2. 花朵在哪里？

你见过板栗花吗？你可能没见过，即便见过，没人介绍可能也不会觉得这是板栗的花。

因为，它长得可一点也不像板栗那么圆润。相反，它长得很纤长、很苗条。

湘西还有首民歌——《板栗开花一条线》，是不是很形象？还是劳动人民有智慧！有时间可以找来听听。

板栗一般在夏天开花，花期比较长，有接近30

雄花

雌花

天。花朵则是雌雄同株，雄花先开，远看就像很多条毛毛虫挂在树上一样；雌花后开，被授粉之后会结成果实。那是谁负责授粉呢？是夏天的风和勤劳的小蜜蜂。

但是，板栗花的味道不太好闻。因此有些地方会把板栗的花晒干后用作“蚊香”，据说效果还不错。

3. 枝叶很好认

板栗树叶比较有特色，是青绿色、长椭圆形带锯齿的，长度8~18 厘米，宽度5.5~7 厘米。板栗树的叶子可以入药，具有清肺止咳、解毒消肿的功效，但要在医生的指导下使用。

相比于叶的简单，枝条就复杂一点，分为结果枝、雄花枝和发育枝三种类型。

板栗树叶

结果枝

结果枝，就是会结出栗实的枝，多分布在树冠的外围（因为这个位置光照最充足），枝条上同时长有雌花簇和雄花序。

雄花枝，顾名思义，就是只有雄花序的树枝。这种枝大多营养不足、光照不良，因而没法结果实。

而发育枝，就是那种只发育、不开花、不结果的枝条。

一般来说，成年的板栗树新梢一年内只生长一次。而幼树、成长期的板栗树新梢一年则能生长两次。第一次是在4月上中旬，气温刚上升时，先萌芽，7~10天后展叶，之后枝条便迅速伸长。

每年的5月上中旬是板栗生长的高峰期，这期间的生长量能占年生长总量的80%以上，以后生长量就逐渐缓慢。到6月中旬前后枝条延长生长停滞，但加粗生长还在继续进行。只有生长较旺的枝条在7~8月份时还会进行第二次生长，就会长成秋梢。

看来，植物的世界也充满了竞争！

4. 根系很发达

相信大部分人都没有见过板栗树的根。这很正常，因为平常板栗树的树根都埋在地底下，而且板栗是深根性树种，大约有80%~90%的根系都分布在60厘米以下的土壤中。垂直根的分布可达1米以下，水平分布也很广，一般为冠径的两倍以上。

板栗树根部示意图

但是，板栗根系的再生愈合能力很差。所以在移植苗木和深翻扩穴时，一定要注意根系的保护，千万不能过多地伤害根系，从而影响板栗树的生长和结果。此外，树根的活动比地上部分要开始得早，结束得迟，栗农也会根据板栗树的根系特征来判断移植和深翻的时机。

5. 形态很优美

板栗是落叶乔木，树冠比较庞大，可达15~20 米；树形也十分秀美，观赏性很强。但是，在长期的人工选择下，板栗树变得更矮（更方便摘），壳斗刺更少（更方便打开），壳更薄（更方便食用），进化真神奇啊。

百年栗树

三、“栗”足之地：品种类型与分布

根据《中国板栗种质资源》的说法，截至2022年，我国约有300种板栗，而且分布范围极广。北至辽宁凤城、南至广西百色、西至西藏东部的24个省（自治区、直辖市）都有板栗种植和分布。

板栗大致可分为北方栗和南方栗两种。其中，北方栗可以分为华北、西北、东北3个种群，南方栗可分为长江流域、东南、西南3个品种群。

那么，咱中国的板栗产量如何呢？

根据《中国农业统计年鉴》的数据显示，2018年我国板栗种植面积为186.6万公顷，产量高达227.3万吨，占世界栗年总产量的75%以上，栽培面积、产量均居世界第一位，是当之无愧的“栗冠”。

其中，年产量最大的是湖北省，达40.55万吨，河北、山东分别以37.55万吨和26.74万吨的年产量排在第二和第三位。

这三个省的总产量占了全国产量的46%。它们是当之无愧的高产第一梯队！

接下来我们看看第二梯队都有谁？

依次是云南、辽宁、湖南、广西、河南。它们的板栗年产量在10万~20万吨之间，总产量占了全国产量的28%。

第三梯队：安徽、贵州、福建、陕西、浙江、四川。这6个省的板栗年产量在5万~10万吨之间，总产量占了全国产量的16%。

第四梯队：北京、广东、重庆、江西、江苏、山西。这6个省、直辖市的板栗年产量在1万~5万吨之间，总产量占了全国产量的6%。

第五梯队：天津、甘肃、吉林、西藏。它们的板栗年产量都在1万吨以下。

读者可以看看下面这张分布图，会比较直观。

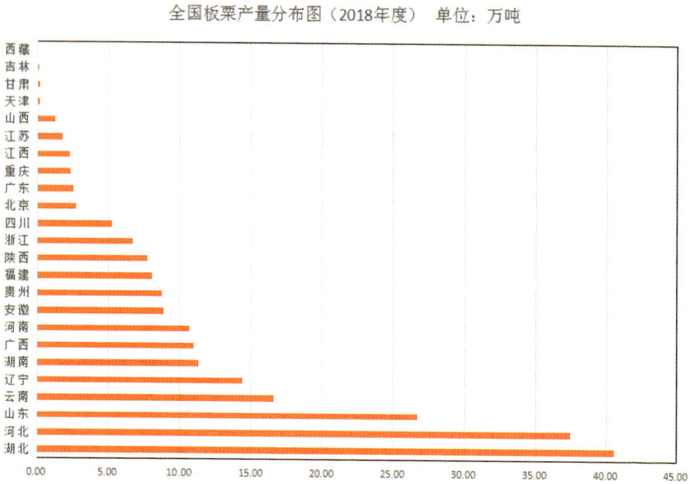

全国板栗产量分布图

那么接下来，你可能想问了，这么多种板栗，到底哪里的最好吃呢？

答案是：各有千秋！

但总体而言，北方栗更适合做糖炒栗子，南方栗更适合做菜、做罐头。

1. 北方队

首先出场的，是北方队的排头兵——华北品种群！

它们主要分布于燕山山脉及太行山脉与黄河故道之间的河北、山东、河南东北部以及江苏北部地区，是中国板栗的重要产区之一。

这个品种群共有七十多个品类，最出名的是河北的迁西板栗、宽城板栗、兴隆板栗，北京郊区的怀柔板栗等，主要用于炒食——没错，就是北方街头“小霸王”糖炒栗子！

据说，好多北方地区的人吃栗子，偏爱宽城和迁西的板栗。

第二个出场的，是西北品种——一共有十七种。

它们主要分布于甘肃南部、陕西渭河以南、四川北部、湖北西北部和河南西部等地区。其中比较知名的就是陕西镇安大板栗。

第三个出场的，是北方队最北方的代表——东北品种，2005年的时候只有辽宁1号和辽南8号两个品种，2020年增加到近10种。

主要分布于辽宁和吉林南部。其中最出名的是辽宁丹东板栗。

迁西板栗

个头小、糯性强、口感软绵、含糖量高、淀粉量低、壳有光泽，主要用于炒食。

镇安板栗

个大色润、甜脆可口、颗粒饱满、营养丰富、品质独特，主要用来制作糖炒栗子。

丹东板栗

个头大、果实白、口感好、易加工、综合价值高，可生食、可糖炒、可制罐头。

2. 南方队

我们首先请出它们的老大——长江流域品种群！

一共有一百好几十个品类，占全国品种总数1/3以上。

它们主要分布于湖北、安徽、江苏、浙江等长江流域省份，比较知名的是湖北黄冈的罗田板栗、安徽六安的金寨板栗、浙江杭州的桐庐板栗、江苏徐州的邳州板栗等，普遍特点是个头大（有一半的果实单颗大于15克）、皮色深、淀粉多、口感绵、颗粒满，这些板栗可以炒熟了吃，但更适合做菜，例如板栗红烧肉、板栗烧鸡等，也常用作制造罐头等，所以也常被称为“菜栗”。

接下来，有请东南品种群！

它们一共有七十余种，主要分布在浙江和江西的东南部，福建、广东、广西的东南大部以及湖南中部等地。

比较知名的是广西百色的隆林板栗，其特点是皮薄光滑，富有光泽。广东封开油栗适合

罗田板栗罐头

封开油栗

绒毛极少、肉色淡黄、皮薄油亮、肉质细糯、风味香甜，适合炒制。

炒制。

西南品种群，一共有四十余种，主要分布于四川东南部、湖南西部、广西、贵州、云南等地。比较知名的是四川广元的利州红栗，其特点是上市早、壳红亮、皮薄肉厚、含糖高且糯。

3.“天津甘栗”和“良乡板栗”小答疑

有看日本动漫的读者朋友或许想问，这些品种里，怎么会没有天津甘栗呢？

日本动画片里的天津甘栗指的就是河北一带的板栗。只不过当时所有的栗子都是从天津港出口到日本，久而久之，日本人认为这些板栗就是天津产的，所以把糖炒栗子称为天津甘栗了。到现在日本很多地方都还能买到“天津甘栗”。

天津甘栗

此外，在国内外赫赫有名的“良乡板栗”也是同样情况。过去板栗的出口是从天津，而国内集散中转则都是从北京的良乡，所以“良乡板栗”“天津甘栗”就名声在外了。但其实良乡区域全是平原，历史上并不产栗，只是这个地区贸易比较发达，燕山山脉的板栗多在此交易，因而成为北方最大的板栗集散地，发往各地的板栗包装袋上均写有“良乡板栗”。由此，“良乡板栗”才名冠天下。尤其是江南地区，“良乡板栗”已经成为高质量板栗的名片。

老舍先生对栗子的喜爱，也在文字中留下了痕迹。他在散文《北平的秋天》里写道：“良乡肥大的

板栗

栗子，裹着细沙与糖蜜在路旁唰啦唰啦地炒着，连锅下的柴烟也是香的。”这一时期老舍正在重庆创作《四世同堂》，看来，他把浓浓乡愁化作了糖炒栗子的悠悠飘香。

4. 有哪些成分呢?

说完了品种和分布，我们再来聊点专业的。

你知道，板栗为什么好吃吗？它都含有什么物质呢？

和人体一样，板栗果实中含量最高的也是水。

不过，不同的板栗含水率不同，而且差别不小。

北京林业大学的阚黎娜等学者从6个板栗种类群中，选取了品种较多、栽培量较大、产量较高的4个种类群——华北（编号C1–C10）、长江中下游（编号C11–C21）、东南（编号C22–C29）、西南（编号C30–C38）中的38种来做了定量分析。咱们可以学习下他们的研究成果：

表1　不同品种板栗的营养成分含量

编号	产地	品种	水分/%	淀粉/%	可溶性糖/%	蛋白质/%	脂肪/%
C1	北京怀柔	燕红	53.90	38.10	6.49	6.21	1.00
C2	河北遵化	遵达栗	52.86	35.68	6.15	7.82	1.31
C3	河北迁西	燕山短枝	51.08	32.65	7.11	6.86	2.28
C4	河北宽城	大板红	56.48	24.45	7.62	5.68	1.82
C5	山东海阳	石丰	52.60	31.05	7.35	3.93	1.71
C6	山东烟台	烟泉	49.40	35.47	6.58	4.10	2.07
C7	山东泰安	泰栗1号	56.33	30.32	6.68	5.79	1.70
C8	山东莱西	红光	50.80	31.59	7.08	4.53	1.51
C9	山东	华丰	46.92	26.16	10.44	4.51	1.77
C10	河南	小紫油栗	52.47	34.56	6.32	5.74	2.35
C11	江苏宜兴	青扎	56.48	30.56	5.98	5.71	2.38
C12	江苏西山	九家种	53.05	27.44	6.72	5.40	3.00
C13	安徽	二新早	61.30	27.97	10.38	5.18	1.15
C14	安徽舒城	粘底板	57.39	25.62	6.31	5.15	2.00
C15	安徽舒城	叶里藏	53.76	32.44	9.12	5.69	1.71
C16	湖北麻城	油栗	59.50	22.93	5.56	5.97	4.49
C17	湖北罗田	罗田早栗	48.80	30.73	6.60	6.88	1.56
C18	湖北罗田	九日寒	55.36	25.33	5.11	4.91	1.12
C19	湖北罗田	乌壳栗	51.07	30.88	8.29	8.65	2.04
C20	浙江	魁栗	51.33	27.98	11.92	3.84	1.61
C21	浙江	建选3号	58.36	28.68	8.48	5.60	1.30
C22	浙江诸暨	毛板红	48.40	30.65	8.00	5.67	1.42
C23	江西	SQ022	56.23	29.15	7.69	5.69	2.68
C24	湖南	油光栗	52.20	27.20	4.02	3.47	1.34
C25	湖南	小果毛栗	49.21	22.00	6.94	4.23	1.30
C26	湖南	早熟油栗	50.00	30.35	5.41	3.63	1.80
C27	广东阳山	油栗	46.33	28.64	2.31	6.44	4.16
C28	广东阳山	风栗	51.56	23.29	3.58	4.69	3.68
C29	福建	尖油栗	49.74	25.41	8.23	6.00	5.44
C30	湖南	双季栗	56.56	22.02	5.64	2.90	1.45
C31	湖南	中秋栗	49.78	24.33	5.54	3.47	1.06
C32	湖南	黄板栗	44.60	30.67	7.32	5.67	0.85
C33	湖南	结板栗	50.30	23.45	5.03	3.81	1.10
C34	云南	鸡腰栗	44.60	28.96	8.50	5.78	2.62
C35	云南	长刺栗	49.80	27.42	7.40	4.61	1.87
C36	云南	特早熟	42.10	30.36	11.20	4.26	1.22
C37	云南	正义大毛栗	50.10	21.54	0.72	4.99	2.49
C38	贵州	迟板栗	52.90	26.75	4.14	3.05	1.06

不同产地和品种的板栗中各营养成分的含量差异还是很大的。

水分含量变化幅度从42.10%到61.30%，其中安徽二新早的水分含量最高，云南特早熟的含量最低。

淀粉含量变化幅度从21.54%到38.10%，其中北京怀柔燕红含量最高，云南正义大毛栗含量最低。

可溶性糖含量变化幅度从0.72%到11.92%，其中浙江魁栗含量最高，云南正义大毛栗含量最低。

脂肪含量变化幅度从0.85%到5.44%，其中福建尖油栗含量最高，湖南黄板栗含量最低。

蛋白质含量变化幅度为2.90%到8.65%，其中湖北罗田乌壳栗含量最高，湖南双季栗含量最低。而且，这个蛋白质里含有十几种不同的氨基酸。

此外，板栗还富含维生素C，以及N、P、K、Ca、Mg、Fe、Zn、B等矿物质。

是不是已经看晕了？没关系，就记住一条：板栗的营养，非常丰富！以及，非常顶饿！

因为这个特点，板栗还曾被称为“河东饭”。让我们一起看一个小故事：

1. 相传，唐末晋王李克用担任河东节度使时，在一次率军追击汴军途中，军粮一时未能得到补充，众人饥肠辘辘。

2. 这时忽然出现一个山野樵夫，面见晋王。说："美食即在眼前，唾手可得，何忍饥待毙？"

3. 晋王如梦方醒，大喜过望：这里有大片的野生栗子，可以用来代替粮食啊！于是立刻安排将士采集野生板栗。

4. 在板栗的补给下，士兵吃得饱饱的，抖擞精神，拼死冲杀，挫败敌军，反败为胜。事后，晋王的手下就都称板栗为“河东饭”，而晋王则称之为“得胜果”。

四、“栗”丁兴旺：育种技术与成果

读者朋友，你们知道为什么板栗的品种数量在不断变化吗？其实原因很简单。因为板栗的品种在不断地优胜劣汰、适者生存，因此不断有新的品种被培育出来、旧的品种被淘汰。

那你可能想问，为什么会这样呢？

我们先来换位思考下。如果你是吃栗子的人，你去买栗子，那你喜欢甜的栗子，还是不甜栗子？你喜欢吃口感绵绵的栗子，还是咬起来嘎嘣脆的栗子？你喜欢吃好剥壳的栗子，还是费半天劲剥不下来皮的那种？

如果你是种栗子的人，你喜欢种能年产800斤的栗子树，还是喜欢只能年产100斤的栗子树呢？你喜欢种那种长得高大魁梧、伸手够不着的栗子树，还是那种矮矮的、伸手就能摘果的栗子树？你喜欢种皮实、好养活的栗子树，还是那种动不动就生病的栗子树？

如果你是加工栗子的人，你也想让板栗更容易贮藏和运输，所以等运到你的厂里来加工的时候，还是新鲜的吧？如果你是做栗子罐头的人，那肯定希望栗子含糖量更高，因为这样更好吃；如果是做栗子面，那肯定希望栗子含淀粉率更高，因为这样口感更好……

这样的例子数不胜数。所以答案其实很明显：我们都想要更适应自己需求的板栗，而这个需求，是不断变化的。有可能是市场的需求，有可能是便于管理的需求，也可能是更加美味的需求。

就是这些个不同的需求，推动了板栗育种技术的发展。

我国的板栗育种工作始于20世纪50年代，至今已

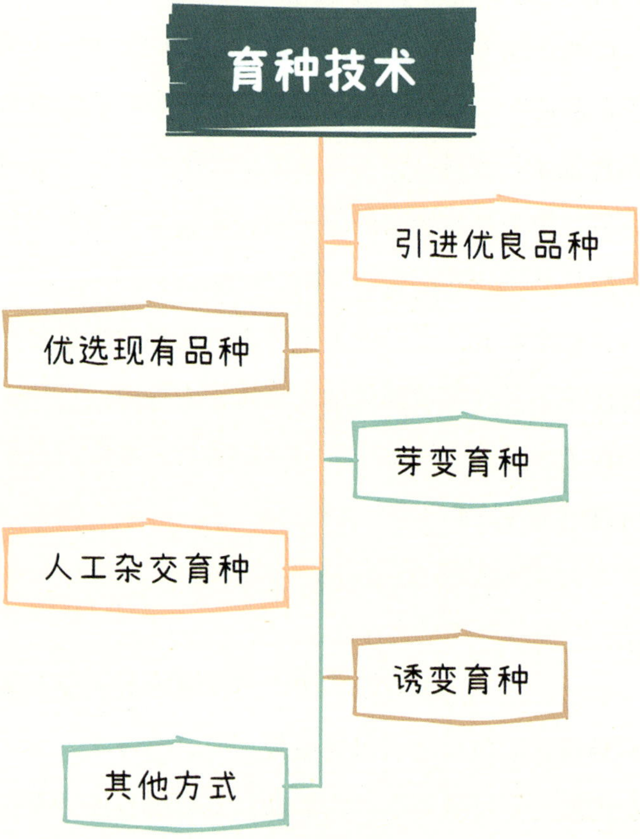
育种技术
引进优良品种
优选现有品种
芽变育种
人工杂交育种
诱变育种
其他方式

取得了一系列成果。读者朋友，你是不是很好奇，育种，到底是怎么育的？

育种有两个很重要的前提，一个是摸清楚板栗的种子资源情况，知道每个板栗品种的特点，比如，哪个品种最甜、哪个品种产量最高、哪个品种最抗病等。另一个则是要有明确的目标，知道想要培育出什么样的品种，比如：在东北，想要能抗冻的板栗；在沿海，想要能抗热的板栗；要做糖炒栗子，那可能就需要糖分高、比较糯的……

在了解了种子资源情况、明确育种需求后，我们就可以用几种技术来进行育种。

1. 引进优良品种

这个方法最为简单、高效。首先要从与本地区气候、地理、土壤等各方面条件差不多的地区，引进板栗，可能还要根据本地的情况，逐渐驯化引进品种。

其实很好理解，如果我们从南方一下子来到北方，容易水土不服，板栗也是一样的，它需要有个调整适应的过程。只不过我们人可以自己调节，板栗就需要专业技术人员来帮助它适应。

举例来说，20世纪60年代，山东就从湖北、江苏、湖南等地引进了十余种板栗，经过数十年的驯化，最终培育出了十分适应山东本地环境的“处暑红”“青毛软刺”等4种板栗，成了当时山东板栗生产的主力。

所以，山东能进入高产第一梯队不是没有原因的，山东人一直在认真地经营和壮大板栗产业！

板栗的引进

2. 优选现有品种

这很好理解，毕竟生态、地理各方面条件都差不多的地方不是那么好找，要想发展当地板栗肯定不能全靠引进外来品种，这个时候就需要从本地的板栗资源中，想方设法培育出新的品种。“实生优选”这个词看起来很专业，其实就是指选择那些自然授粉产生变异的、具有优良性状的品种来进行培育、驯化。

20世纪80年代以来，有很多新品种都是通过这个方式得来的，大概占到了总数的80%以上。例如，北京、河北等地选出了品质优良、口感甜糯、产量高的“燕山早丰”“燕山红”“燕昌”“银丰”等品种；河南等地先后选育出了果大、丰产、稳产、品质优良的“豫板栗2号”“节节红”等品种；浙江地区选育出了早熟及特早熟的“浙早1号”“浙早2号”等品种。

3. 人工杂交育种

这种方法主要利用具有优良特性的资源进行有目的的杂交，通过杂交获得具备各个物种优良特性的新品种。这种人工杂交育种，既可在种内（即中国板栗与板栗之间），也可在种间（即中国板栗与其他栗如

板栗大家庭的一个小分支

“锥栗”“茅栗”之间）。生物技术真的很厉害！

种内杂交的典型例子，是20世纪70年代，山东通过本地实生品种“红栗”和“泰安薄壳”、野板栗等杂交组合，经过多年的连续培育和选择，最终优选出了几个优良品种。分别是“华丰”“华光”和“红栗1号”，这些新品种的培育，实现了山东板栗种质业的创新，也促进了板栗生产的发展。

种间杂交的典型例子，则是20世纪80年代，中国利用中国栗同日本栗杂交选育出了“中日一号”，抗虫害、结果早、产量还很高！

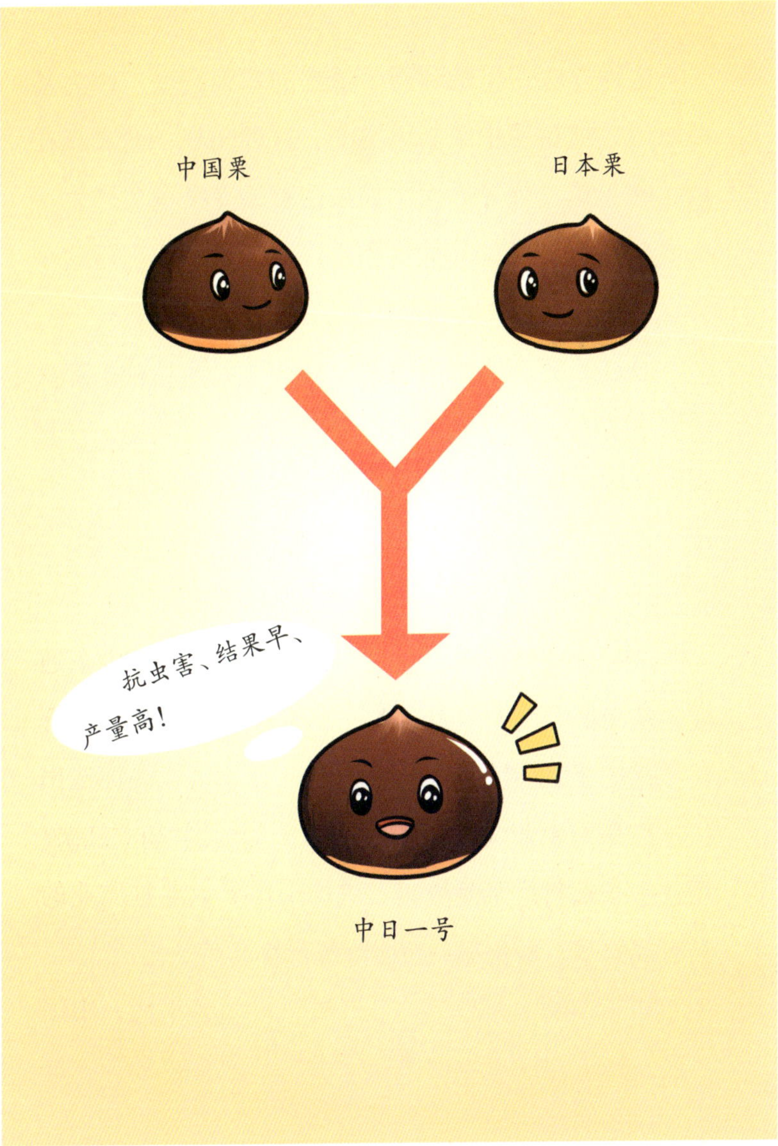
中国栗
日本栗
抗虫害、结果早、
产量高！
中日一号

4. 芽变育种

这种方法其实是利用了植物的基因突变。因为某种原因，植物发生了基因突变，这种突变一般表现在枝、叶、花、果等方面。如果这种突变又碰巧产生一些之前没有出现过的优良品质，那么就可以利用这个突变芽，以无性繁殖的方式来创造出新品种。

通过芽变选种，由粘底板品种（板栗品种）芽变选育了“泰山1号”。“泰山1号”具有成熟早、产量高、品质优良、较耐贮藏等特点。

5. 诱变育种

这种方法的原理是运用物理方法对板栗树进行诱变，从而扩大变异来源，进行个别性状的改良。

这就要靠科技的力量了！

以华南农业大学谢治芳等学者的实验为例，他们用快中子辐射广东油板栗，成功培育了“农大1号”，具有成熟早、矮化和一苞多籽等优良品质。

6. 其他方式

包括太空育种等技术，这些在其他植物的育种上已经取得一些成果，但在板栗育种方面，还处于等待进一步研究的状态。

读者朋友，好好努力吧，说不定下一个在板栗育种界作出重大突破的就是你！

五、“栗栗”皆辛苦：栽培环境与技术

1. 好栽易活

从板栗在我国大面积种植这一点就不难看出，板栗的适应性很强。

从气候条件来说，板栗在35℃至39℃的高温、零下25℃的低温下，都可以生长。相对而言，北方栗较抗旱耐旱，南方栗较耐湿耐热，所谓适者生存

栽培环境与技术

- 选种育苗
- 移苗成林
- 壮苗管理
- 土壤及水肥管理
- 栽培模式改良
- 整枝修剪
- 及时采摘

嘛！当然，就跟我们人类在40℃也能活，零下10℃也能站一会儿，但我们当然还是喜欢20℃左右的舒适环境一样……板栗最喜欢的还是年均温12℃、降水量600 mm至1400 mm的地区，根据科学家们的长期观察，它们在这个气候条件下长势最好。

从土壤条件来说，板栗对土壤的要求不算高。因为它属于深根性树种，根系非常发达，所以气候干旱、土壤瘠薄都不是事儿！但最好是透气性好、排水方便、有机肥含量高的砂质土壤。板栗喜欢弱酸性的土壤，pH值在5.5~7.0会长势良好，土壤碱性或者过酸的时候，就无法正常生长，甚至死亡。

板栗也喜欢土里有水，但水不能太多，土壤含水量以30%~40%最佳，超过60%，就容易发生烂根现象；低于12%，会容易衰弱，低于9%时，树就枯死了，因此，板栗适合种植在有一定坡度的地带，这样可以存一些水，又不至于太多。没有坡的时候，可人工砌出来坡道，类似旱地梯田的形式。

从光照条件来说，板栗喜欢阳光的照射，如果光照不充足，内部的小枝容易枯死，产量就无法得到保障了。所以板栗适合种在向阳的地方。

你会把板栗种在哪里呢？

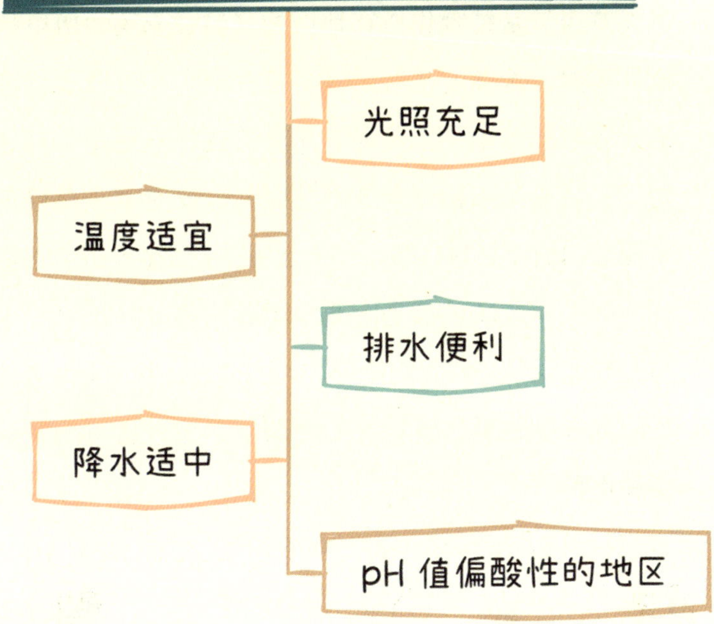

那么，我们可以小结一下，如果你是板栗的种植户，你会把板栗种在哪里呢？

2. 选种育苗

第一个问题，世界上板栗好几百种，选哪种来育苗呢？当然是结合你所在地区的气候、土壤、历史种植等情况，选择最适宜的优质品种啦！而且，要合理配置好早熟、中熟以及晚熟品种，这样能够“一石二鸟”：既有利于错开板栗上市时间，又有利于提供板栗深加工的原材料。

不过，选品种可是个非常考验耐心、经验、技术与运气的活儿，需要交给专业人士来做。

定好品种后，就得开始育苗了，比较常见的是嫁接和播种。

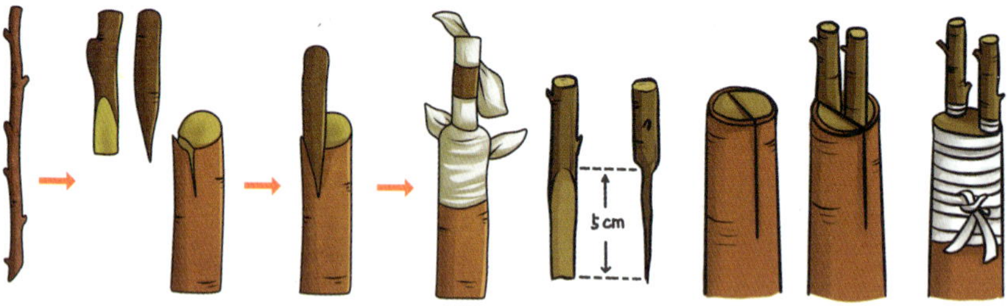

切接　　　　劈接

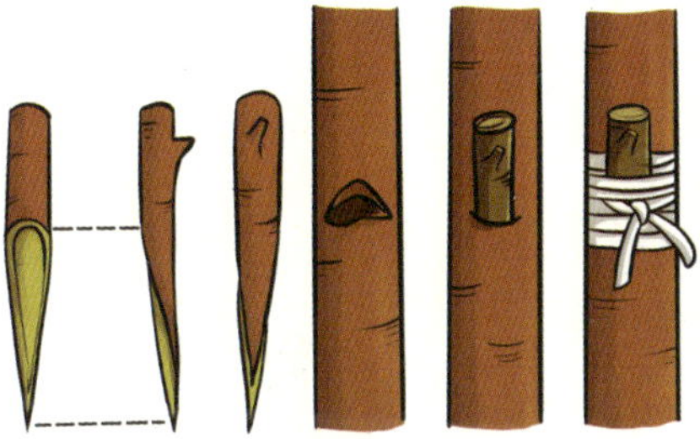

皮下腹接法

插皮接

嫁接，是植物的人工繁殖方法之一。简单来说，就是把一株植物的枝或芽，接到另一株植物的茎或根上，使接在一起的两个部分长成一个完整的植株，这主要利用了植物受伤后的自我修复机能。

播种，就是把种子播到地里。板栗的果实就是它的种子。都说“春播一粒粟，秋收万颗籽”，板栗也是“春播一颗栗，秋收一树栗”。

农民伯伯正在嫁接

刚出芽没多久的板栗树苗

3. 移苗成林

简单说，就是从播种的苗里选择长得较好的那部分，安全完整地挪到板栗园里。是不是很想问为什么要挪？因为就跟人要长大一样，板栗已经从小种子变成了小树，原来的房子不够住了，得挪到更广阔的空间去。

不同类型的板栗林，造林的密度也会不同。如果是林果兼用林，造林的规格为2 m×4 m；如果是干果林，造林的规格为6 m×6 m；如果是用材林，则造林密度适当加大，控制在2 m×2 m左右。其实这也很好理解，用材林，就是用板栗的树干，果实不好吃，那就栽密点；干果林，就是主要吃果实，那肯定得给果留出充足的生长空间，所以要留得宽敞点；又有果又有木材，那造林规格就在二者之间了。

其实找到规律后，复杂的事情就能简单化。在我们的学习和生活中，也是一样的道理。

4. 壮苗管理

板栗树移植好了，接下来就得做好林间管理。都说“十年树木，百年树人”，板栗树和人一样，是需要花心思来培养的。在小树的成长过程中，要做好摘心、拉枝、刻芽以及促雌花等技术处理。我们分步骤讲讲。

（1）摘心

别害怕，摘心不是要摘树的心，而是指对当年萌发的新枝打去顶尖。这样可以去除“顶端优势”，促进分枝生长，提高板栗产量。这也是为什么经过长期选择后，产量高的板栗树都长得不高，但是有很多分支。就像下图这样。

壮苗管理

- 摘心
- 拉枝
- 刻芽
- 疏芽、促雌花

（2）拉枝

顾名思义，就是把树枝拉着。这是一种人为地改变枝条的生长角度和方向的方法。可以起到培养树体的骨架结构、合理分布枝条空间、改善光照和通风条件、促进或抑制枝条生长、促进果实吸收营养等作用，是非常关键的一步哦。

你可能想问，为啥要给板栗树拉枝呢？因为农学家们在长期研究和观察后发现，在板栗树的幼年和初结果时期，直着长的树枝，绝大多数不能继续生出可

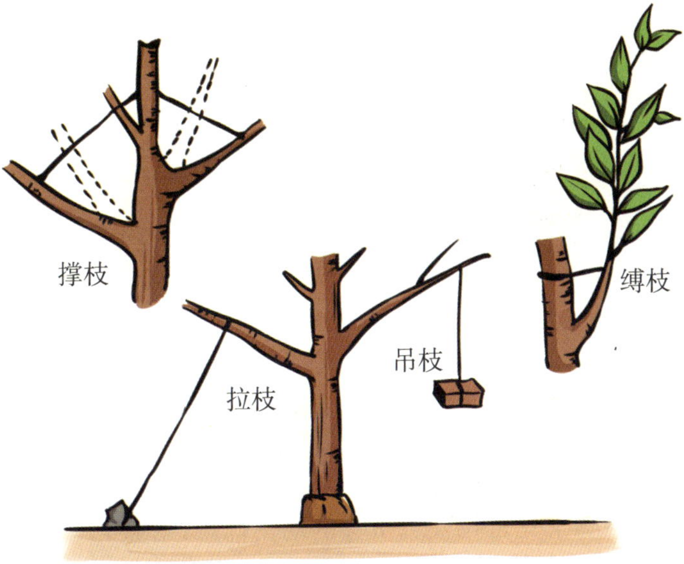

拉枝、吊枝等管理

以结果的小枝，这样一来产量不高，树形也不好看。所以我们得人为给小栗树创造高产条件！

拉枝效果最好的时期是清明前后，芽膨大之前。

（3）刻芽

刻芽就是在树枝上刻个小口子，如果在出芽前刻芽，可以促进芽萌发，能够增加产量；出芽以后刻芽，则会抑制芽萌发，能够疏除多余的芽、提高养分利用率。

出芽前刻芽

在芽的上部刻伤，可以阻碍养分再向上运输，而使刻伤下部的芽得到充足的养分，同时又因芽受到刻伤的刺激，有利于芽的萌发和抽枝。这样就能分出更多枝、结出更多果啦！

据农学家统计，不拉枝、刻芽的栗树株产一般0.1千克~0.3千克，拉枝、刻芽的幼树株产1千克~3千克，产量相差了10倍！

有刻芽的分枝

（4）疏芽、促雌花

疏芽的道理很简单，就是看枝条长势的好坏，长得好，营养就够，就少疏芽、多留枝、分散养分；长得不好，就多疏芽、少留枝，以集中养分。

放大镜找雌花

我们在之前的板栗开花的图片中看到了，板栗的雄花密密麻麻，雌花恨不得拿放大镜才能找到……从数据上说，雌雄花序的比例为1∶12，雌雄花朵的比例为1∶3450……可不是得拿着放大镜找吗！

但是，雄花虽然数量多，但它结不出来果啊！而且雄花的生长发育，还要消耗大量的营养和水分。这可怎么办呢？只能人工把板栗树的部分雄花铲除掉了，这样才会有更多的营养和水分，把发展空间留给雌花。

据统计，疏除90%左右的雄花，板栗的增产幅度可达到40%。那，就赶紧动手吧！

5. 土壤及水肥管理

就像人要按时吃饭、喝水一样，植物也需要定期补给。在板栗树的种植过程中，做好土壤的水肥管理，就等于做好了营养补给。如果树的生长发育不好、贮藏养分不足、肥水条件较差时，容易造成“瘪蓬”“空蓬”的情况，所以一定要做好灌水、追肥和土地翻整工作。

板栗树较喜水，一般发芽前、开花期、果实迅速增长期和封冻期都得各灌一次水，以利于果树的生长发育和果实品质提高。前三次灌溉都是与施肥同步进行，最后一次灌溉则主要是为了保证土壤中的水分含量。

五次追肥分别是在萌芽前期、新梢生长期、板栗树盛花期以及果实膨大期、果实采收后。萌芽前期施肥是为了促进萌芽展叶，增加每个树枝的苞果数量，以含N（氮）量较高的有机肥为主；新梢生长期施肥是为了促进新梢生长，以含P（磷）量较高的有机肥为主；盛花期和果实膨大期施肥，是为了增加板栗结实率以及提高板栗百粒重，以含氮磷钾较高的有机肥为主；板栗果实采收后施肥，是对板栗树进行补给，俗称“月子肥”。

为改善土壤性状，提高其保水保肥性，可考虑对土壤进行深翻，促使板栗树的根系加深。有研究表

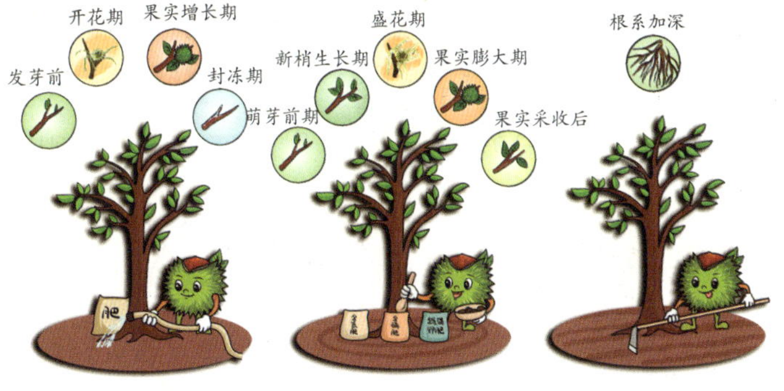

土壤水肥管理

明，深翻、扩穴后，板栗树的根系数量平均比未采取措施处理的增加了34条，根茎2 mm以内的根系数量增加了32条，数量非常可观。

6. 栽培模式改良

依据种植地的气候情况，可以选择板栗茶叶混作、板栗花生间作、板栗天麻间作、板栗绿豆间作、板栗牧草间作、板栗—苜蓿—大豆间作、板栗—花

栽培模式改良

生—大豆间作等栽培模式，充分结合不同作物的特点，既能有效利用营养空间，又可以改善林间土壤结构，还能够增加经济效益，真是一举多得！

7. 整枝修剪

过去板栗树的种植比较粗放，不注重修剪，板栗树往往“一年长一尺，十年长一丈”。现在，通过科学修剪，板栗树“一年长一寸，十年长一尺”，通风更好、透光更强，板栗树的生命力也就更加旺盛。

幼树修剪：板栗幼树成形，保留一个直立并且生长最旺盛的枝条作为主干，然后根据想要的树形进行修剪。板栗的树形主要有疏散分层形以及自然开心形，这样的形状会增加下层枝的光照度。

成年树修剪：修剪对象主要为徒长枝（就是那种长得很快，但是营养又没跟上的枝条），如果不及时修剪，就会影响结实率，所以需要及时去除；同时还要合理保留结果母枝，修剪弱枝细枝，保留壮枝旺枝，就是集中营养多结果的意思。

老年树修剪：主要包括去除枯死树桩及退化大枝，重新培养骨干树枝。

幼树修剪　　成年树修剪　　老年树修剪

整枝修剪

对板栗树的整枝修剪要从幼树开始，成年树和老树也要定期进行修剪。比较好的修剪时期为每年12月下旬到第二年2月之间。

为什么呢？因为此时天气较冷，树木生长发育较慢，这时进行修剪对树木的影响比较小。

经过7~8年的整形修剪，板栗的丰产树形就可以形成了。之后的修剪只需要清除生长过密、长势弱、有病虫害的枝条就行啦。

8. 及时采摘

这是非常关键的一点！

一番精心养护之后，板栗终于成熟啦！

那么，具体是什么时间呢？

其实不同品种成熟的时间是不一样的，大致可以分为早熟栗、中熟栗和晚熟栗。以迁西板栗为例，每年8月底开始陆续成熟，8月底至9月10日为早熟栗，9月10日至20日为中熟栗，9月20日至10月初为晚熟栗。

所以，要依据板栗的成熟时间适时采摘。一般等栗蓬从青色变成黄色，且栗苞开裂时便可以准备带苞采摘了。

板栗采摘

采摘过早，会对板栗果实的外观和品质产生影响，板栗果实的甜度和糯性都会下降。采摘过晚，板栗果实失水过多，容易腐烂。

是不是想大喊一句：啊！好难！到底什么时候才是适时？

秘诀在此：采摘板栗时用一杆竹竿轻轻摇晃树枝，如果栗蓬自己从树上掉下，那就是“适时”。读者朋友不妨一试！

六、成“栗”保障：病虫害防治

从前面几章看下来，相信大家也有这样的感受：一棵板栗树，从小小的幼苗到发育成熟、结出果子，真是非常不容易！都快赶上唐僧师徒西天取经的九九八十一难了。而这病虫害的防治，难度系数可以和“三打白骨精”媲美。

就像我们人会生病一样，板栗也会生病，而且病的类型很多。据《板栗栽培与病虫害防治》等书记载，导致板栗生长发育受影响的病害有23种，害虫有8个目、34科、近150种。而且，不同时期、不同地区、板栗的不同部位，发生的病虫害类型还不一样！

下面，我们选几种比较常见的板栗病害，如疫病、白粉病、栗锈病、炭疽病等和比较常见的害虫，如栗大蚜、天牛、红蜘蛛、栗实象鼻虫等，来讲讲板栗病虫害防治。

1. 防治结合

总的来说，板栗病虫害的治理多以预防为主。主要有如图几种方法：

1. 多施有机肥，增强树体抗病能力。

2. 冬季清洁栗园，捣毁越冬虫窝。

3. 入春后及时巡查病虫害，早发现、早处理。

针对不同的病虫害，还要采取有针对性的措施，对症下药。近些年，为更好地保护生态环境，已经越来越多地采用生物防治方法。那么，什么是生物防治呢？简单而言，就是利用有益生物或其他生物来抑制或消灭有害生物。具体到板栗的生物防治，最常见的就是利用中华长尾小蜂来防治板栗瘿蜂。

正好，我们中华特有的长尾小蜂对板栗无害，同时又是瘿蜂的天敌，植物保护学家们就用它来消灭板栗园里的瘿蜂，既保护了环境，又消灭了害虫，真是一举两得。

当然，必要的时候还是可以用药剂喷洒来消除病虫害的。最好是交替使用不同的农药，这样既能减少环境污染，又能提高防治效果，还能延长农药的药效时间，也是很科学合理的选择。

瘿蜂这种害虫，会寄生在植物身上，不仅吃植物的汁液，抢夺植物的营养，还会让植物发生变异，在果实或枝条、树

叶等地方长出瘤子。这个瘤子就是瘿蜂为自己打造的“房子”。
而被瘿蜂侵害的板栗树，则会出现枝条枯萎、不结果实的情况。

2. 有哪些常见病害?

（1）疫病

又称干枯病、腐烂病、溃疡病、胴枯病、烂枝病等，听起来就很吓人！

其实这有点像人类的皮肤病，是板栗树被真菌感染了。发病初期会在树皮上形成红褐色、不规则形的病斑，摸起来松松软软的，常有黄褐色汁液从里面流出来。如果没有得到及时治疗，就会扩散到更大面积，严重的时候，会导致板栗树枯死。

那么，如何防治呢？首先，要保护好板栗树，避免枝干上有伤口，在嫁接、受伤后要及时用涂抹剂（或油漆）对伤口进行保护，给板栗树穿上防护罩，阻止病菌侵入。如果已经被真菌感染，那就要及时清理伤口，再抹药治疗。

遭受疫病的板栗树

而且，因为真菌有传染性，刮下的病皮还要带出园外焚烧，避免传染给其他板栗树。

（2）白粉病

白粉病是另一种真菌感染。这种病菌也是在病叶和病梢上越冬，等第二年春天再放出子囊孢子，随气流传播，侵染抵抗力比较弱的嫩叶和新梢。

一旦染病，幼叶会直接退绿，叶面会出现不规则的晕块，不断扩大，最终连成一片。从我们肉眼看，得了白粉病的板栗树，叶子上会有很多白色的粉霉状物质，其实这些都是病菌的子囊壳，如果不及时处理，这些子囊壳还会释放出新的子囊孢子，通过风再继续进行传播，有种“野火烧不尽、春风吹又生”的传染力。

这种病的防治，一是冬季修剪枝条时，一定要把已经生病的枝条剪掉，并彻底清扫树下的落叶、枝梢、果实、栗蓬，进行集中深埋或烧毁，消灭越冬菌源。二是春季发芽前，在叶面上喷涂适量的农用药剂。

遭受白粉病的板栗树

3. 有哪些常见害虫？

（1）栗大蚜和红蜘蛛

这是两种刺吸危害板栗树叶片的害虫。栗大蚜虽然名字里有“大”，其实个头很小，它们经常密集地排列在板栗枝干的背阴处和粗枝的下部，主要工作是吸食汁水，和板栗抢营养，当然很影响板栗树的生长发育。

红蜘蛛，又称“板栗小爪螨”“针叶小爪螨”。

喜欢集体活动的栗大蚜

被红蜘蛛危害后的树叶

红蜘蛛越冬卵

放大后的红蜘蛛

常以幼螨、若螨、成螨在板栗树叶正面刺吸汁液，导致叶片退绿枯黄。红蜘蛛的卵常在枝条上越冬，在板栗展叶和雄花生长期孵化。

（2）栗实象甲

栗实象甲

栗实象甲，从名字看，就知道是专门以板栗果实为食物的害虫，直接影响板栗的产量。它们一般在栗苞上钻孔，再将卵产在栗实里面。十来天就能孵化出小蠕虫，不仅吃栗实，还把虫粪也排在蛀道里。更可恨的是，即便栗实采收后，幼虫也还能继续在果实内好吃好喝，等它变成了成虫，就会在栗实上咬出来一个圆孔，爬出来钻到土里筑室越冬。

受害果实容易霉烂

看，它们长得白白胖胖的，很能吃！而被它们吃过的板栗，就成了“霉烂的栗子——黑了心”，人就没法吃了。据统计，100斤板栗果实里，会有十几个板栗有栗实象甲。但是如果不及时处理，一个多月以后，至少有20斤板栗会被它们蛀掉，给栗农造成很大的损失。

对于这种坏家伙，一定要尽早采取措施。一方面是喷药防治，用它的天敌来进行生物防治；另一方面，是摘完果实后进行预处理。可以采用如图方法：

1.将刚摘下来的板栗进行预处理，用 50℃至 55℃热水浸泡 5 至 10 分钟。

2. 在太阳下晾干后再入库。

3. 幼虫在水里处于缺氧状态，就会被消灭掉。

七、“栗”所能及：储藏运输

板栗丰收啦！

这之后要干什么呢？

当然是要尽快把板栗销售出去，转换成收入，要不然果农们辛苦一年，收获了却没能卖出去，可就不好了。

那么，在板栗采摘到销售之间，就有两道必不可少的关键环节。其一，是把板栗储藏起来。其二，是把板栗运到需要的地方去。

最理想的状态，当然是树上摘下

板栗，去掉栗蓬得到果实后，直接装车、运到销售点卖掉，这样就只用处理好运输过程中的储藏。

但是呢，一来旺季的时候每天采摘量很大，并不是所有的栗蓬都能直接运走，这时就需要储藏到仓库里；另一方面，由于板栗在国内外市场都非常畅销，因此有时需要远距离、长时间的运输；第三呢，是板栗宝宝营养丰富，水分含量又高，所以储藏和运输过程中容易脱水（影响口感）、腐烂变质（只能扔掉）、发芽（因为板栗果实本质还是种子呀）。特别是南方的板栗，普遍粒形大、含水率高，而且采收期气温高、湿度大，贮藏保鲜尤为困难。

据1997年的一份资料，当时我国的板栗在储藏过程中，霉烂率普遍在20%~30%，严重的时候可达70%！

因此，必须采取适当的措施来减少这个过程中的

发芽的板栗

发霉的板栗

果实损失，保障栗农的收入。

此外，还有一个很重要的原因：板栗需要时间来上糖。

这什么意思呢？其实古代人们就发现了，板栗成熟下树后并不甜，要天冷了之后才会真正变甜。现代科学家研究发现，其实这是因为，板栗果实中有一种淀粉磷酸化酶。在它的帮助下，淀粉就转化成了糖分。这种酶在低温下会更加活跃，所以正常气候条件下，11月份以后板栗的糖分转化达到高峰，口感才会达到最佳。

现代的通常做法，是收购板栗后，放入冷库，创造一个低温条件，加快板栗果实的糖化进度。

1. 要怎么储藏呢？

（1）避免果实受伤

经过长期的观察，科学家们发现有伤口的板栗果实特别容易腐烂，并且会带着周围的果实一起腐烂。因此，在板栗采摘、储藏的过程中，都要特别注意，尽量避免产生伤口，避免病菌自伤口侵入。

（2）做好果实的筛选和预处理

第一，用于储藏的板栗一定要充分成熟，可不能还没熟就把板栗打下来了。

第二，要做好果实的预处理。主要是指将未去栗蓬的果实置于阴凉处通风散热（俗称“发汗”）一段时间后，再将栗实取出、阴干。因为刚下树的栗果，自身新陈代谢还非常旺盛，在呼吸作用下，会释放很大的热量和水汽，就像人出汗一样。只有板栗进入休眠期之后，呼吸作用才会逐渐减弱，这会儿是保存板栗的最佳时期。

为保证散热效果，最好是把板栗平铺。如果空间有限，可以适当堆积（但是厚度不能超过50厘米哦），因为厚度越厚，栗堆内部的温度就越高，栗仁容易被高温烧死——所以它们真的是对保存条件要求很高的栗宝宝！

记住，这会儿还不能把栗蓬去掉哦。因为板栗散热的过程会伴随水分的大量流失，而栗蓬内含有很多

板栗的人工筛选

水分，就像栗实的补水面膜。

第三是做好筛选。经“发汗”后的板栗要人工检查，以剔除杂质、烂果、病虫果以及未成熟的果实。之后再做细筛和清洗。一定记得进行杀虫处理！

（3）选用合理的储藏方式

板栗好吃，但是不好藏。它怕干、怕水、怕热、怕冻。如何储藏板栗也是非常重要的。

如果环境干燥、多风，会使板栗风干而失去鲜美的味道；如果刚下树就直接储藏，因此

时板栗呼吸作用还十分旺盛，容易腐烂、发霉；而跨过年，来到早春时节，当温度、湿度、通气环境适宜时，板栗又会发芽，发芽的板栗风味、品质严重下降，甚至不能食用。

所以，板栗的储藏可是门学问呢。一定要结合当地的气候情况、板栗特征、储藏时间长短等，选择最合适的储藏方式。

一种是沙藏法，即藏在沙子里，这也是很多板栗产区常用的暂时保存方法，简单易行。

这种方法的优点是方便、便宜、简单、实用，但缺点是沙粒会磨伤板栗的外表皮，看起来颜色发暗，没那么美观，总体卖相欠佳，也就影响了沙藏板栗的收购价格。而且，一旦沙子选用不当、温湿度控制不佳，板栗也容易发芽、发霉。所以现在这种沙藏法只有部分零散栗农还在运用了。

藏在沙中的板栗

二是干藏法。简单来说，就是将板栗放到沸水里煮5分钟，或在清水中浸泡2~3天，再捞出后晾干，装入通风的容器中，最后再风干。这种方法可以存放的时间比较长，好果率在95%以上。缺点也比较明显，就是如果储藏时间过长，板栗失水会比较多，风味会有些损失。

因储藏不当而发芽的板栗

三是冷藏法。板栗收回来之后，储藏到冷库里，在合适的温湿度条件下，储藏期可长达1年。这是目前比较常用的储藏方法，保鲜效能也比前两种要好。缺点是成本比较高，因为冷库的建设和运行维护，都需要较多的资金投入。

此外，还有温度调节法、辐射贮藏法、减压贮藏法、高压放电贮藏法、臭氧离子贮藏法及涂膜保鲜法等物理方法，以及硫熏蒸、百菌清浸泡、保鲜剂喷洒等化学方法，或通过降低温度，或通过抑制板栗呼吸和代谢，总之就是要达到一个目标：减少板栗的有机物消耗，从而延长保鲜期。

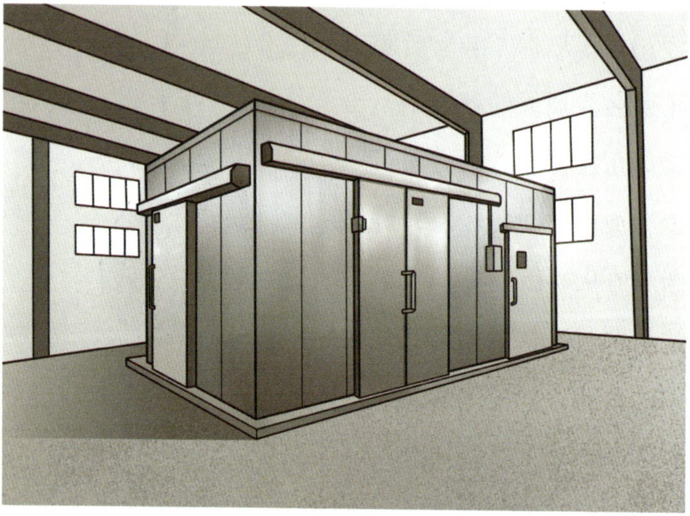

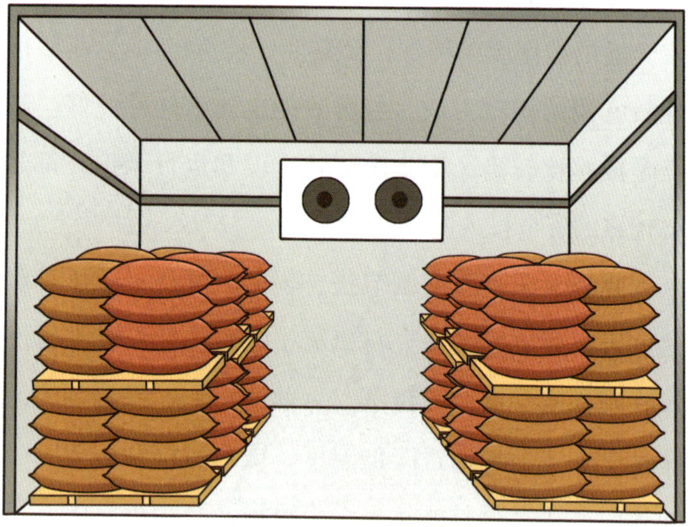

冷库及其中成袋储藏的板栗

2. 怎么运到嘴里来？

归根结底，板栗还是要到我们的肚子里。那么，板栗的运输有什么需要特别注意的问题吗？

一个是温湿度的控制。这点其实和储藏期差不多，要通过温湿度的控制，尽量减少板栗在运输过程中的腐烂变质。

所以，尽管板栗不在鲜活农产品品种目录中，但一些板栗主产区，如安徽金寨等地方，还是专门为板栗运输开辟了绿色通道。这也是政府为栗农做的一件大好事！

再一个是要特别注意板栗的覆盖包装。尤其是从冷库里转移的板栗，因为它们从凉爽的冷库里来到气温比较高的室外，内外的温差容易导致板栗壳结露。一旦结露，板栗就容易腐烂、产生黑点。所以，一般距离较近的时候，才会使用普通运输车，送到目的地之后就

整装待发的板栗

冷藏车运输

要尽快采用适宜的方法储藏。如果距离较远，比如从河北运到广西，这么几千公里，最好是用冷藏车，避免长途运输导致板栗腐烂变质。但是，这样运输成本会高出一大截。

所以这种情况下，如果你是糖炒板栗的经销商，你会选择离得近的本地板栗，还是离得远、价格更贵但可能味道更好的板栗呢？可能就需要算个账了。

八、薄“栗”多销：销售与加工

欢迎来到销售与加工的环节！

栗农辛苦种的果实，终于快要到我们嘴里来了！

先从板栗的销售说起。

1. 板栗都卖到哪里去了？

每年板栗采收后，有两个大的销售方向。一是面向国内市场。这个主要靠专门的采购商在各个栗产区进行板栗收集，然后统一配送到板栗在全国各个省市的零售点、加工厂等地方，再由其加工成糖炒栗子或其他板栗产品。

另一个是面向国际市场，就是板栗的出口。其实我国板栗的出口量很大。依据2020中国国际板栗大会的数据，2019年，我国板栗出口量3.98万吨，金额为8666万美元，同比增长了10.44%，出口到了43个国家和地区。

2. 有哪些加工制品？

伴随板栗产量的逐年增加，当新鲜板栗的产量超过市场需求量时，收购价格就会出现下降。这是由经济学的基本原理——供需关系决定的。

以北京地区为例。一等栗的收购价在1995年时为每千克12元至16元，随着产量上升，到2002年时，就

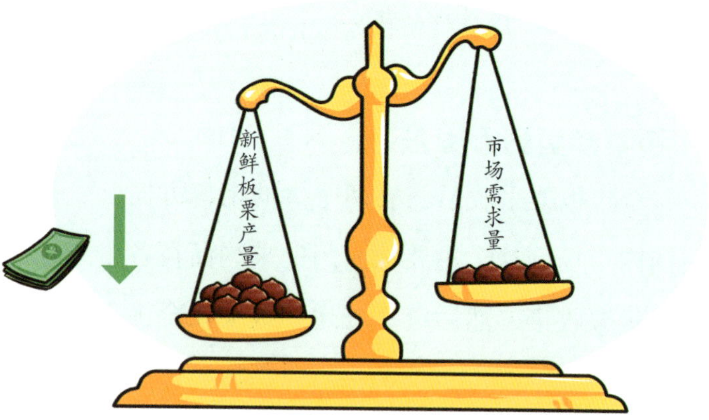

供需关系图

板栗加工制品

- 糖炒栗子
- 即食板栗仁
- 糖水栗子罐头
- 板栗粉
- 板栗饮料

已经快速下降至每千克6元左右。这个下降幅度是很惊人的。一方面，为了避免增产不增收、栗贱伤农，就需要对剩余板栗进行加工，以延长板栗销售期、扩大销售区域、增加销售收入。另一方面，人的需求是不断变化的。简单来说，糖炒栗子虽然好吃，但偶尔吃吃红枣味的栗子、栗子面做的糕点也挺好！这些新的需求，也促进了板栗加工业的发展。

（1）糖炒栗子

其实提到板栗，绝大多数人的第一反应就是糖炒栗子。说起板栗，什么佳肴都可以不提，糖炒栗子必须有姓名。

人们排队买糖炒栗子

在翻腾的黑砂里看到深黄色的板栗，闻着一阵阵飘过鼻腔的焦香味，哪怕寒风再强劲，也吹不散缩着手、跺着脚等栗子出锅的人们啊！

以北京城最有名的“秋栗香”为例。一到秋冬天，店门口就永远在排大长队……

寒冷的冬天中新鲜出炉的热乎乎的栗子，那叫一个香甜！捧在手心里，一个接一个地吃，甜糯的口感下，所有等待就都值得了。

（2）即食板栗仁

这种一般选用迁西油栗等比较适于食用的北方栗子作为原材料。

对消费者来说，这种即食板栗仁，不仅全年都能买得到，还省去了剥壳、排队等候的麻烦，打开袋子就可以直接吃，保质期还长。缺点是没有新鲜的糖炒栗子那么黏糯香甜、价格稍微有点贵，但对爱吃栗子的人来说，还是很不错的选择。

板栗仁

对厂家来说，这种产品的品质稳定、体积小、重量轻、利润高、附加值高、保质期长、便于长距离运输，实在是很好的产品研发选择。

也正是因为这些原因，近年来即食板栗仁行业发展很快，生产出了许多深受国内外市场欢迎的产品。

（3）糖水栗子罐头

这是我国起步较早、产量较大的一种传统板栗加工产品。在20世纪60年代时，曾是我国板栗加工行业主要的出口产品，一般选用南方的菜栗，再辅以白砂糖、柠檬酸及适量食品添加剂。

糖水栗子罐头

这种罐头属于比较初级的加工，口感相对粗糙，运输不是很方便，利润率也比较低，市场售价也不贵。

（4）板栗粉

这是近年来比较受市场青睐的产品，而且有很多种组合方式，有营养板栗粉、保健板栗粉，也有和其他干果混在一起，比如“板栗核桃粉”“山药板栗粉”“红豆板栗粉”等。

这类粉质品保存期长、运输方便、食用便利、可深加工性强，因此有一定的市场潜力。

（5）板栗饮料

前面介绍了可以吃的板栗仁、板栗粉，接下来介绍可以喝的板栗饮料。现在市场上有板栗汁、板栗奶、板栗枣汁、板栗核桃汁等产品。大多数还处在市场推广阶段。

板栗饮料

此外，还有板栗果脯、板栗酥脆片、板栗饼等制品，品类还在不断丰富中。

总体而言，我国板栗加工产品占比还是偏少的，销售还主要集中在生板栗。从加工深度来说，主要属于粗加工，高附加值的深加工产品不多，产品销路也不够广阔。

3. 有哪些加工环节？

不知道大家吃糖炒栗子的时候有没有感觉到，栗子好吃，皮儿不好剥。总有一层皮紧紧地粘在果仁上，不抠吧，影响口感，抠吧，又不太容易。还总有那么一小块碎了卡在壳里，怎么都不好抠出来。扔了吧，舍不得，不扔吧，抠不出来，让人着急。而且刚出锅栗子颜色还挺嫩黄、摸着挺软，怎么放一会儿就变成了褐色、还很干巴？口感也没那么好了。

其实这些也是板栗加工过程中需要去解决的问题：剥壳、去皮较难；栗实易褐变，栗肉易破碎、脱水等。

（1）脱壳去衣

要吃板栗肉，先脱外面壳，这是板栗加工的首道工序。在这方面，韩国、意大利等国家采用板栗剥壳去衣机脱皮率达92%~96%，我国大多数加工企业以人工剥壳为主，机械化水平相对较低。

在去衣方面，我国传统工艺主要为热碱法，就是用热的碱性溶液浸泡栗仁，促进板栗去衣。但是，这种碱液容易污染环境，栗仁也容易褐变，缺点比较明显。

好在经过近些年的科技攻关，目前我国已经生产出板栗专用的剥壳去衣加工成套设备，集硬皮处理、热处理、去衣、壳仁分离等功能为一体，为板栗深加

板栗加工问题

- 脱壳去衣难
- 栗实易褐变
- 栗肉易破碎
- 栗肉易脱水

工提供了必要的基础条件。

（2）防褐变

栗仁的褐变是板栗加工中最突出的问题，也是影响板栗成品质量的主要因素。是什么导致了栗仁的褐变呢？主要有两个原因，分别是酶促褐变和非酶促褐变。

酶促褐变是指在有氧条件下，由氧化酶引起的酚类与单宁等成分氧化，形成了褐色色素，产生了颜色变化。很多水果切开放置一段时间后，出现的颜色变化就是酶促褐变，比如苹果、香蕉等。

非酶促褐变主要是美拉德反应，是羰基化合物和氨基化合物经过复杂的化学反应最终生成棕色甚至是黑色的大分子物质类黑精，非常影响板栗的卖相。

美拉德反应

那么，有什么方法可以防褐变呢？对于酶促褐变，主要靠除氧和抑制氧化酶活性，可采用热处理、pH酸碱度调节、加入抗坏血酸等方法。

对于非酶促褐变，

目前还没有特别有效的方法，因为美拉德反应非常复杂，现在科学界还没有完全搞清楚它的具体反应机理和间产物，所以还有待进一步研究。

4. 产业化发展

板栗的产业化发展，就是要把板栗产业链中的每一个环节都打通，使这个链条能够高效运转，形成产业规模化、品牌化、市场化，实现行业收益最大化。

板栗的产业链，包括产前的良种选育、产中的高质栽培、产后的产品加工、市场流通等一系列环节。一个高效板栗产业链的实质，就是建立好良好协调、共赢机制，把链条上的每一个环节都有机结合起来，使得各环节的参与主体都能从中获益。农民，得到了销售栗仁的收入；加工厂，得到了产品加工的附加收益；经销商，得到了销售收益……只有参与产业的各方都能有收益，产业才能良好地运转下去。对吧。

良种选育

高质栽培

各方获益

产品加工

市场流通

九、“栗”市三倍：经济价值

板栗的经济价值，主要体现在食用价值、保健价值、观赏价值等方面。

1. 可以当美食吃

这是目前板栗最主要、也最广为人知的价值。板栗仁营养丰富，可以直接生吃、炒着吃、做菜吃、煲汤吃、加工成零食吃、制作成糕点吃……

栗花蜜

据说，慈禧太后就对板栗钟爱有加。在她的御膳食谱中，经常有栗子糕的身影。栗子糕是先将栗子磨成粉，再加冰糖上锅蒸，不仅味道美还能强健身体。

2. 可以当保健品吃

板栗仁是药食同源的食品。中医认为它甘、咸、温，入肝、肾、胃、肠、经，益气、厚肠胃、补肾活血。李时珍在《本草纲目》中就指出：“栗味甘性温，入脾胃肾经。”唐代有“药王之称”的孙思邈在《千金方·食治方》中也写道：“栗，肾之果也，肾病宜食之。”意思是栗子是肾之果，肾病患者宜食之，可以治疗肾虚引起的腰膝酸软。

此外，板栗的树皮、花、果壳、树根都可以入药，能治疗喉疾、火霉、赤白痢疾等疾病。真的全身都是宝！

3. 可以当护肤品用

栗花精华液

科研人员以栗花为原料，调试出了栗花香水、花露水等；又以板栗皮为原料，制作出了保湿抗氧化的植物精华液……擦在脸上一定润润的！

同时，一些研究中心还在不断开发新产品，包括栗花保健饮料、栗花酒、板栗嫩叶茶等。

4. 可以当景观欣赏

板栗树是很好的绿化树种，漫山遍野的板栗林多么壮观美丽！

在山地里种植栗树，既可绿化荒山，又能保持水土；既可增加农民收入，又能发展乡村旅游，可谓一举多得。在城市里种植栗树，既能美化周边环境，又能增加野趣，还能普及农业知识，只是要及时清理带刺的栗蓬，不要被它扎到脚哦！

5. 可以当林木用

板栗是果材两用树种。

板栗木是很好的经济用材，纹理直、质地坚硬，重量重、强度高，而且较为抗湿、耐腐，所以也可用作铁道枕木、室内地板、家具等。

板栗树木制作的茶几

十、“栗”久弥坚：板栗文化

1.“栗”是一种姓氏

按《风俗通义》记载，栗姓出自华夏最古老姓氏之一的栗陆氏。相传栗陆氏是伏羲后人，居住在中国北方，擅长种植栗树，后来就以栗树为其氏族的神树，进而逐渐演化为氏族的原始图腾，并成为氏族名和族徽，最终出现栗姓。

历史上的栗姓名人也不少，如燕国名将栗腹，汉景帝太子刘荣生母栗姬，汉代官吏栗融，明代进士栗在庭、栗铭、栗魁同，清代道光治河专家、林则徐好友栗毓美等。

现在全国栗姓人口约30万，主要分布于河南、河北、山西、安徽、陕西等地。你的朋友里有姓栗的吗？

2. 栗与民俗

板栗树在古代曾被视为祭天神树，有“夏后氏用松，殷人用柏，周人用栗”的说法。直到现在，我国的纳西族、彝族、哈尼族仍有祭拜栗树的习俗。在祭祀活动中，板栗常常作为拜祭神仙或先人的祭品。

此外，在传统节日里，也不乏板栗的身影，我们熟悉的“腊八粥”“端午粽”“重阳糕”“栗蓉月饼”等传统美食中都有板栗的香甜。而且你知道吗？传说汉武帝刘彻迎娶李夫人时，就以枣、栗子等五色果撒在床上，取“早立子”的美好寓意。

3. 栗与名人轶事

（1）乾隆皇帝也爱吃

据说，清代乾隆皇帝专门为板栗写了一首诗。

皇帝炒板栗

食栗

小熟大者生，大熟小者焦。

大小得均熟，所恃火候调。

堆盘陈玉几，献岁同春椒。

何须学高士，围炉芋魁烧。

试着给大家翻译下乾隆皇帝的心声：个头小的栗子炒熟了，个头大的还是生的；等个头大的栗子炒熟了，个头小的又炒焦了。要想大小栗子都炒得差不多熟，就得把火候调好。炒好了堆在盘子里放在玉茶几上。何必要那些名啊利的，围着炉子吃栗子才是正事儿。

哈哈，皇帝也是爱吃栗之人。

（2）苏辙用板栗治疗腰腿痛

宋代文豪苏东坡是资深的美食家，据说“东坡肉”就是他研发的。苏辙是他的亲弟弟，也是唐宋八大家之一，他曾专门写诗赞颂栗子的神力：

服栗

老去日添腰脚病，山翁服栗旧传方。

经霜斧刃全金气，插手丹田借火光。

入口锵鸣初未熟，低头咀噍不容忙。

客来为说晨兴晚，三咽徐收白玉浆。

1. 苏辙晚年常犯腰腿痛。

2. 他听闻民间素有板栗“生食之良，治腰脚不遂”的说法。

3. 苏辙就养成了生吃栗子的习惯，每天早晚将生板栗放在嘴里细嚼慢咽，直至嚼出白浆。

4. 坚持一段时间，有效果，因此苏辙就专门写诗赞美板栗。

（3）陆游与板栗的故事

八百多年前的一个秋天，陆游因为被贬谪而郁郁寡欢，半夜三更爬起来吃炒栗子，还赋诗一首：

夜食炒栗有感

齿根浮动叹吾衰，山栗炮燔疗夜饥。
唤起少年京辇梦，和宁门外早朝来。

大意就是感叹自己老了，牙齿也松动了，晚上饿了怎么办呢？吃点栗子吧。可这一吃栗子，就又想起年轻时候在和宁门外候早朝时，以炒栗充饥之事。小小一份栗子，映照出当年的宏图大志与现今的壮志未酬，令人唏嘘。

（4）慈禧太后与栗面窝头

传说当年八国联军攻入北京，慈禧仓皇出逃。一日，饥寒交迫中的慈禧得到一个玉米面的窝头，吃得甚是香甜。慈禧返回京城后，十分怀念那个窝头的味道。御膳房的厨子怎么敢用玉米面做窝头啊，弄不好可是要掉脑袋的。苦思冥想之后，他终于决定用磨细的栗子面做成袖珍的小窝头进献给慈禧。慈禧吃了以后很高兴，称赞就是这个味儿。

故事只是故事，但这说明栗子粉的口感要比玉米粉好一些，在古代属于比较受欢迎的食物。

4. 栗与美食

板栗有蒸、煮、炒等多种食用方法，以栗赈灾、蒸栗代粮的故事也流传甚广。与栗相关的各种菜肴多达数百种，我们挑几款介绍下，读者朋友可以试着在家里自己烹饪。

（1）栗子糕

栗子糕是重阳节的传统小吃。

袁枚在《随园食单》中写了它的做法：

第一步，把栗子煮得很烂；第二步，把栗子捣成泥，再和糯米粉搅拌在一起，依照个人口味添加糖；第三步，上锅蒸熟，撒上瓜子仁或松子仁，最后再切成自己喜欢的形状就可以啦！

（2）板栗烧鸡

这可是秋冬季节的进补佳肴。此时的栗子粉糯香甜，与鸡肉一起烧，会让鸡肉变得更加清香可口，味道更加鲜美，关键肉汤汁浓醇厚，特别适合拌饭，能

1. 将鸡肉切成块，凉水下锅，加姜片、料酒焯水；

3. 放入葱姜蒜炒香，加入老抽、生抽，翻炒均匀加 1 碗水；

板栗烧鸡的做法

2. 锅中放油，下冰糖炒糖色，倒入鸡块翻炒均匀；

4. 加入十三香、盐，倒入板栗，加盖中火煮至板栗熟透。

帮助我们更愉快地“贴上秋膘”。

这道菜还有一个优点，那就是烹饪简单，只需四步，即可拥有。

（3）栗子焖饭

粉糯鲜香的板栗和粒粒分明的米饭配在一起，是什么样的美味呢？那绝对是香气四溢，营养丰富，色香味俱全！而且，做起来还十分方便，喜欢的食材一锅焖，就可以等着吃啦！

（4）栗子桂圆百合汤

板栗不仅可以当主食、做甜点，还可以当下午茶。在空气干燥的秋冬时节，繁忙之余，来一碗味道香甜的栗子桂圆百合汤，温润安心、益气健脾。

只需要将适量的百合、桂圆、栗仁洗净后放入锅中，加水大火烧开后转中小火煮25分钟左右，再加入红糖或冰糖搅拌至融化就大功告成啦！

冷丝丝的秋冬天来一碗热乎乎的栗子桂圆百合汤，舒服极了。

栗子焖饭的做法

1. 板栗剥皮、切丁，香菇泡软，胡萝卜、葱、姜切碎，肉切丁；

2. 起油锅，先把香菇、胡萝卜、葱头爆香，然后下酱油腌好的肉末和板栗丁，炒至变色；

3. 加入洗好的大米，加一勺生抽、盐调味；

4. 所有食材全部倒入电饭煲，加水没过米后，按下煮饭键。

5. 小明爱吃栗——歇后语里的小故事

常言道："八月的梨枣，九月的山楂，十月的栗子笑哈哈。"一颗颗深棕色的栗子，从裂开的栗蓬里探出头来，确实像咧着嘴在笑哈哈，仿佛是个不知疾苦、只感受到快乐的小家伙。这么一想，吃板栗的快乐仿佛又增加了。

作为长期与中国人为伴的重要食物，我们对板栗非常熟悉，熟悉到我们围绕板栗，创造了很多意思贴切又回味无穷的歇后语：

有个小朋友叫小明，他的好朋友叫小亮，两人都正在木林小学上三年级。小明特别喜欢吃糖炒栗子，某天因为挨了老师批评正在生闷气，偏偏班里的调皮蛋儿还老要招惹他，一会儿抓他头发，一会儿挠他痒痒。小明感觉气不打一处来，嚷嚷道："我今天可是'煨在火里的毛栗子——见风就要炸'，别惹我啊！"

小亮看到小明正在气头上，就想："这可真是'刺壳里挖栗子——棘手'哦。这情形可怎么办呢？"

小亮想到小明爱吃糖炒栗子，为了让他开心起来，就用自己的零花钱给小明买了热乎的糖炒栗子。小亮安慰他说："只有'高山上的毛栗子——浑身是刺'呢，咱们是'吃着板栗笑哈哈'。"于是，两个好朋友一起分享着软糯香甜的栗子，笑呵呵地边吃边聊，烦恼也就被抛到了九霄云外了。

6. 重要农业文化遗产地中的板栗

首先，你可能会问，什么是中国重要农业文化遗产？来看一下定义：中国重要农业文化遗产，是指人类与其所处环境长期协同发展中，创造并传承至今的独特的农业生产系统，这些系统具有丰富的农业生物多样性、传统知识与技术体系和独特的生态与文化景观等，对我国农业文化传承、农业可持续发展和农业功能拓展具有重要的科学价值和实践意义。在2012年，农业部下发了《关于开展中国重要农业文化遗产发掘工作的通知》，农业文化遗产认定工作自此正式开启。

我们的板栗这么历史悠久，当然得在重要农业文化遗产地中占有一席之地！而且有两处之多！巧的是，这两处都在河北，也都是中国的"板栗之乡"，难怪燕山栗子历史最悠久、名气最大。

（1）河北宽城传统板栗栽培系统

河北宽城传统板栗栽培系统2014年入选第二批中国重要农业文化遗产。宽城位于承德，是满族自治县，这个县的板栗栽培可追溯至东汉时期，至今已有约2000年。

相传清康熙年间，康熙皇帝去木兰围场进行秋季打猎时，途经宽城，正值板栗成熟了。康熙品尝后赞不绝口，称之为："天下美味也。"命"年年贡

第二批中国重要农业文化遗产——河北宽城传统板栗栽培系统

河北宽城传统板栗栽培系统

宽城板栗古树

之”。清代以后，种栗、食栗、用栗逐渐成为宽城时尚，甚至连大户人家娶妻生子，都栽栗树以示纪念。2014年时，宽城全县板栗种植面积达80万亩，栗树2600万株。其中，百年以上的板栗古树达10万余株，现存最老的板栗古树树龄逾700年。

（2）河北迁西板栗复合栽培系统

河北迁西板栗复合栽培系统2018年入选第四批中国重要农业文化遗产。迁西县位于唐山，燕山南麓滦河北部优越的气候条件与地理条件造就了迁西板栗卓越的品质。从古代起，板栗就是迁西人的主要粮食来源之一，至今已有2000多年历史，全县境内百年古树随处可见，光是百年以上树龄的板栗树就有52771棵，占全县栗树总量的千分之一，其中800年以上树龄的古栗树1棵，700年至800年树龄的古栗树28棵。

让我们来看一则小故事（如图）：

1. 明洪武年间，大将军徐达奉命修筑喜峰口、铁门关沿线长城。八月十五前后，板栗成熟了。

2. 徐达吃着这山中的板栗甘甜糯嫩，比其他地方的板栗好吃得多，于是便命人采摘板栗献给朱元璋。

3. 朱元璋一边吃板栗，一边详细询问产地的情况，得知迁西县虽山多地少，但民以栗富足。

4. 遂诏告天下“广植枣栗，以备歉年”。自此之后，迁西便开始大面积种植板栗。

中国板栗博物馆

自此之后，迁西便开始大面积种植板栗。截至2021年，迁西板栗栽培面积75万亩，栗树5000万株，年产量8万吨，综合产值达到25亿元，是名副其实的板栗核心产业区。

另外，我国乃至世界首家以板栗为展示主题的国家级专业博物馆——中国板栗博物馆，就在迁西县。在这里可以充分了解板栗的发展历史，深入探究板栗世界的奥妙。

后记

耗时两年，《青枝栗冠·板栗》终于交付出版社。

初与“中国饭碗”丛书主编师高明教授联系时，正值北京金秋，暖阳下的街角，炒栗生意红红火火。伴随着扑鼻而来的炒栗香气和胜过万千吆喝的“唰啦唰啦”翻炒声，我欣然接受了师教授推荐的写作任务，决心把最爱的北方冬日街头美食——栗子，全方位地给读者们介绍介绍。

待真正提笔时，方感写作不易：一本小小的书，要讲清楚板栗的前世今生，要讲明白板栗的生长发育、销售加工，要提炼出板栗的精神文化内核，要写得生动有趣、面面俱到，最重要的，是要激发青少年朋友们对中国传统作物的热爱和敬畏，激发他们的民族自豪感，并种下一颗推动中国粮食产业高质量发展的种子。

为此，我查阅了大量与板栗相关的专业文献、书籍，并多次到各地板栗合作社实地查看板栗的种植、储运、销售、加工等方面的情况，2022年3月完成初稿，几经修改、完善，终于成书。过程中得到师高明教授、中国农业博物馆柏芸研究馆员的亲切指导，以及南京出版社王雪编辑、焦博编辑的悉心帮助，刘一凡绘制了大量精美插画，让活泼可爱的栗宝从书中走了出来，在此一并感谢。

期待这样的一本书，能够得到读者朋友的喜爱！

由于时间等关系，书中难免存在疏漏，敬请读者朋友们多提宝贵意见。

董蔚

2023年7月于北京